生态循环农业绿色种养技术与模式

郭艳红　李国胜　刘　斯　苗志华　主　编

天津出版传媒集团
天津科学技术出版社

图书在版编目（CIP）数据

生态循环农业绿色种养技术与模式 / 郭艳红等主编
. -- 天津 : 天津科学技术出版社 , 2023.6
ISBN 978-7-5742-1193-3

Ⅰ. ①生… Ⅱ. ①郭… Ⅲ. ①生态农业—农业技术
Ⅳ. ① S-0

中国国家版本馆 CIP 数据核字 (2023) 第 089823 号

生态循环农业绿色种养技术与模式
SHENGTAI XUNHUAN NONGYE LVSE ZHONGYANG JISHU YU MOSHI
责任编辑：杜宇琪

出　　版：天津出版传媒集团 天津科学技术出版社
地　　址：天津市西康路 35 号
邮　　编：300051
电　　话：（022）23332399
网　　址：www.tjkjcbs.com.cn
发　　行：新华书店经销
印　　刷：北京富泰印刷有限责任公司

开本　710 × 1000　1/16　印张 14.5　字数 209 000
2024 年 4 月第 1 版第 1 次印刷
定价：88.00 元

编委会名单

主　　编　郭艳红　李国胜　刘　斯　苗志华

副 主 编　梁万傧　张会文　刘小平　雷素琼　金春丽　刘　彤

　　　　　胡章生　司凤香　孙晓艳　李春艳　侯桂芳　金维斌

　　　　　孙玉芬　王　英　王　斌　严桂华　安桃芳　么子惠

　　　　　张平平　张淑辉　施向华　王瑞育　曹明玉　申育红

　　　　　夏光富　田　军　邱晓东　李伯森　毛兴菊

编　　委　刁卿宇　倪　玲　吕荣臻　陈　伟　刘广鑫

　　　　　赵　炜　王亚志　周晓勇　钟伯梅　祁之陶

简 介

21 世纪以来，我国农业农村经济发展稳中向好，农业现代化水平不断提升，农村面貌日新月异，农民生活水平持续改善，但农业保供给、保收入、保安全、保生态的压力与日俱增。党的二十大报告指出，要提升生态系统多样性、稳定性、持续性。因此加快转变发展方式，注重合理利用资源和保护生态环境，发展生态循环农业意义重大且势在必行。

党的二十大报告强调，必须牢固树立和践行绿水青山就是金山银山的理念，站在人与自然和谐共生的高度谋划发展。乡村产业振兴需要通过大力发展现代种养业来改变以往的传统模式，逐步向现代化、科学化、生态化、创新化转变，从而提高农民群众的获得感、幸福感、安全感。新时代下的乡村振兴工作干部应该积极宣传和推广现代种养业的理念和技术，深入推进农业供给侧结构性改革，加快农业现代化建设，走出有特色的现代农业发展之路。

为了落实党中央、国务院关于实施乡村振兴战略的决策部署，为新时代下农业高质量发展提供强有力支撑，特编写本书。本书共分七章，内容涵盖种养循环的概念、农业生态循环系统的基础知识、生态循环关键技术、现代种植业、现代畜禽养殖业、现代水产养殖业、生态循环农业典型案例分析等内容。全书内容的组织安排体现了一定的基础性和系统性，以利于乡村振兴工作干部更好地理解和掌握现代种养业的基本概念和方法，但同时也希望不要拘泥于书本，要随时了解新型的种养动态，做到思维和技术随时更新。

由于时间仓促，精力有限，特别是学识和编写水平有限，本书难免会存在一些遗漏和欠缺，恳请同行专家和学者批评指正，齐心协力共同推动农业全面升级、农村全面进步、农民全面发展，谱写新时代乡村全面振兴新篇章。

编　者

目录

第一章　认识种养循环 /1

【学习目标】/1
【思政目标】/1
第一节　种养循环的含义及重要性 /1
第二节　种养循环重要性 /8

第二章　生态循环农业基础知识 /16

【学习目标】/16
【思政目标】/16
第一节　农业生态系统 /16
第二节　循环农业的内涵 /30
第三节　循环农业的原理 /41

第三章　关键技术 /48

【学习目标】/48
【思政目标】/48
第一节　农村废弃物概述 /48
第二节　农作物秸秆综合利用 /51
第三节　畜禽粪便肥料化与处理 /73
第四节　农村生活污水处理 /85

第四章 现代种植业 /91

【学习目标】/91
【思政目标】/91
第一节 现代育苗 /91
第二节 设施栽培 /98
第三节 无土栽培 /104
第四节 有机栽培 /109
第五节 机械化栽培 /114
第六节 智慧农业和精准农业 /117

第五章 现代生态畜禽养殖业 /124

【学习目标】/124
【思政目标】/124
第一节 现代家畜养殖 /125
第二节 现代家禽养殖 /143
第三节 特色畜禽养殖 /158

第六章 现代生态水产养殖业 /173

【学习目标】/173
【思政目标】/173
第一节 池塘生态工程化养殖 /174
第二节 工厂化循环水养殖 /185
第三节 多营养层次综合养殖 /196
第四节 稻渔综合种养 /203
第五节 其他水产养殖 /213

参考文献 /224

第一章 认识种养循环

【学习目标】

知识与能力目标

学习种养循环基本概念；

了解我国种养循环发展现状和发展方向。

素质目标

通过了解种养循环基本政策，能够高效利用农业资源改善农村人居环境。

（图片来源：https://www.sohu.com/a/231257943_358963）

【思政目标】

大力发展种养加结合生态循环农业产业结构，走出一条生态、高校、绿色的现代农业发展之路，促进县域经济的发展，保障农产品质量安全。

第一节　种养循环的含义及重要性

一、种养循环的含义

种养循环是种植业和养殖业紧密衔接的生态农业模式，是将畜禽养殖产生的粪污作为种植业的肥源，种植业为养殖业提供饲料并

消纳养殖业废弃物，使物质和能量在动植物之间进行转换的循环式农业（图 1–1）。种养结合是解决土壤营养流失、农产品品质下降和畜禽养殖环境污染问题的有效途径。

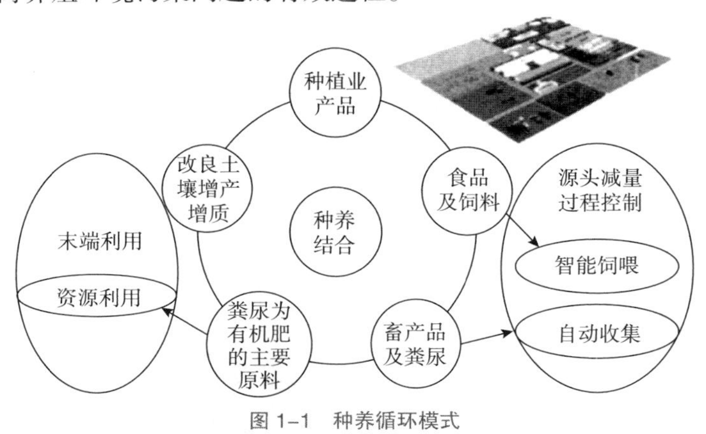

图 1–1　种养循环模式

二、种养循环发展现状

近年来，国家以提高资源利用效率为核心，大力推广应用节约型技术，促进农业清洁生产，为进一步推进种养循环农业发展奠定了基础。

1. 多途径探索取得成效

（1）推进农作物秸秆循环利用，综合利用水平显著提高

“十三五”期间，中央财政累计安排资金 86.5 亿元，支持 684 个重点县整体推进秸秆利用。2020 年，全国秸秆产量 9 亿多吨，秸秆综合利用率 85% 以上，已经形成了肥料化、饲料化等农用为主的综合利用格局（图 1–2）。

（2）实施标准化规模养殖，实现养殖废弃物减量化

为推进适度规模养殖，我国鼓励发展农牧结合型生态养殖模式，实施畜禽养殖场改造，推广雨污分流、干湿分离和设施化处理技术，从源头上减少污染的产生，便于养殖污染物的后续处理利用。国家从 2007 年开始启动生猪、奶牛标准化规模养殖场建设项目，2012 年启动实施肉牛、肉羊标准化规模养殖场项目，2016 年启动 17 个奶牛养殖大县种养结合整县推进试点。实施标准化规模养殖，在提升农

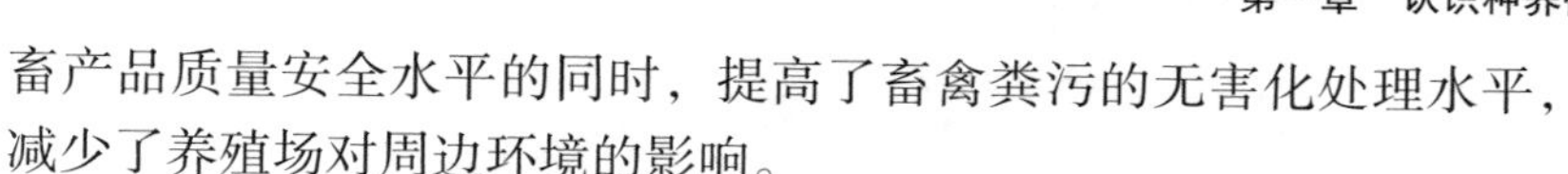

畜产品质量安全水平的同时，提高了畜禽粪污的无害化处理水平，减少了养殖场对周边环境的影响。

图 1–2　秸秆用处多

（3）沼气建设稳步发展，畜禽粪便得以有效利用

按照循环经济的理念，全国把沼气建设与种植业和养殖业发展紧密结合，形成了以户用沼气为纽带的“三结合”“四位一体”“五配套”等畜禽粪便循环利用模式和以规模化畜禽养殖场沼气工程为纽带的循环农业模式，重点在丘陵山区和集中供气无法覆盖的地区，因地制宜发展户用沼气；在农户集中居住、新农村建设等地区，建设村级沼气集中供气站；在养殖场或养殖小区，发展大中型沼气工程。

【种养小课堂】

三结合：“三结合”生态模式主要内容是建一个沼气池（沼气池与猪舍、厕所连通修建），养一栏猪，种一园果（种一园菜、一片粮，养一塘鱼）（图 1–3）。该模式在我国南方得到大规模推广，以农户为生产主体，通过发展养殖业，将养猪产生的畜禽粪便直接排入沼气池进行发酵，发酵物可以作为有机肥用于种菜、种果、养鱼等。

四位一体：北方冬季寒冷，沼气池运行较困难，因此我国创建了适宜北方特定环境的“四位一体”生态模式，即分散养殖户每户有一个猪舍、一个猪舍下的水压式沼气池、一个与沼气池相连的厕所、

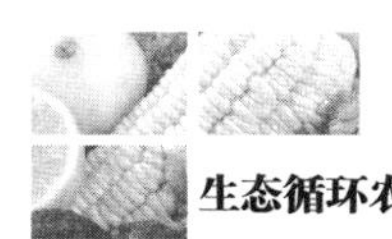

一个与猪舍和沼气池相连的日光温室（沼气池水压间位于日光温室内）（图 1–4）。

图 1–3 “三结合”生态模式

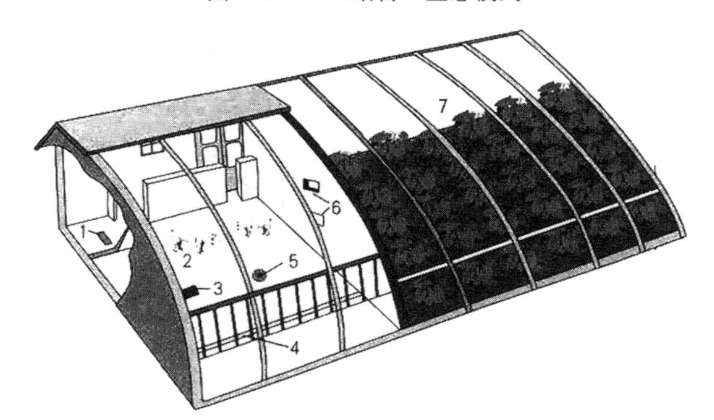

1. 厕所 2. 猪舍 3. 沼气池进料口 4. 溢流渠 5. 沼气池 6. 通风口 7. 日光温室

图 1–4 “四位一体”生态模式

五配套：“五配套”能源生态农业模式是解决西北干旱地区用水，促进农业可持续发展，提高农民收入的重要模式。其主要内容是，每户建一个沼气池、一个果园、一个猪舍、一个蓄水窖和一个看营房。该模式以农户庭院为中心，以节水农业、设施农业以及沼气池和太阳能的综合利用作为当地农业生产和日常生活所需能源的主要来源途径。

2. 存在问题

（1）单项措施多，区域推进合力不足

目前，国家通过不同资金渠道，相继开展了养殖场标准化建设、沼气工程建设、秸秆综合利用等项目，也取得一定建设成效，但由于这些措施缺乏系统设计与合力推进，单兵突进多、整体推进少，尤其在一些种养大县，各类种养业废弃物产生集中、量大，当地的环境承载压力更大，加强种养结合发展的需求更为迫切。

（2）产业链条不完整，废弃物利用有效运营机制缺乏

由于缺乏长效运营机制，种养业废弃物综合利用中产品成本高、商品化水平低、农民参与积极性不高等问题依旧突出。在秸秆综合利用方面，秸秆收储运体系不健全、秸秆离田成本高等问题制约秸秆综合利用的产业化发展。在畜禽粪便处理利用方面，沼气工程生产的沼气发电并网难，有机肥推广普及滞后等问题也较为普遍。

（3）单一化模式居多，种养衔接不够紧密

据调查，目前全国 70% 以上的农业园区以单一种植业或单一养殖业为主，种养业生产的高成本和高风险削弱了园区对种养结合利用的主动性。其他的农业园区虽然种养兼营，但大多数难以实现种植与养殖的相互衔接、协调促进、共同发展，农业资源无法得到充分、有效利用。

三、种养循环发展模式

传统的农业生产会对生态环境造成一定的破坏，同时生产效率较低，针对这些问题，国家大力倡导转变农业生产方式，从传统的依赖资源消耗的化学农业转变为依靠资源循环的生态型农业。经过多年农业生产实践验证，种养结合的生产方式能够节约生产成本，提高经济效益，提升产品的竞争力，有效解决农业生产与生态环境保护的矛盾，兼顾经济效益和生态效益，且在掌握一定的技术后，种养结合生产方式的具体实施和管理相对容易。目前，种养结合的生产方式结合了各地区的自然条件、社会条件和经济条件，因地制宜，形成了结构各异、层次多样、类型丰富的生产模式。

1. 立体种养的复合生产模式

该模式合理利用资源和生产技术，立体种养，实现了固碳减排和能量的循环。“水稻+”的种养模式就是该生产模式的典型案例，按照养殖种类可以分成：稻田养鳖、稻田养蛙、稻田养鱼、稻田养蟹、稻田养虾、稻田养鸭以及稻田多元立体综合种养等（图1–5）。其他常见的模式还有葡萄园立体复合种养模式。

图 1–5 稻田养鸭

【种养小课堂】

葡萄种得好，青蛙来帮忙

单独种植葡萄和养殖青蛙都需要较多的土地，但葡萄架在空中，青蛙养殖在地面，两者互不争地，可以实现立体种养。四川省高县沙河镇荣氏家庭农场经过近10年的实践，充分证明“葡蛙共生”立体种养模式具有很好的经济效益、社会效益和生态效益。

1. 建大棚，种葡萄

农场建成长条形大棚，长度20.0米，宽度15.0米，南北朝向，跨度7.5米，弓形管间距1.4米，棚高3.5米。在场地内合理设置生产道、采摘观光道，规划建设供水、排水管道及防洪渠。

2. 建蛙池，养青蛙

在钢管大棚内，距大棚边端立柱每边2.5米处挖青蛙养殖池，养殖池宽度0.5米。将池内挖出的土堆放于棚中，使棚中地面形成宽3.4米的池埂，要求池底与地面高度不小于60厘米，养殖池内水面蓄水深度20厘米，并且葡萄种植地面与池内水面相差不小于40厘米。再浇筑一条宽80厘米、厚8厘米的混凝土通道。葡萄种植株距为3米。距通道30厘米设置青蛙围网，围网内设青蛙饲料平台，在平台上安置青蛙抖动饲料台。

葡萄与青蛙在温、光、水、肥、气和病虫害控制等方面有很多互补性：青蛙的粪便可还田养地，青蛙还能吃害虫，减少葡萄虫害；葡萄叶能为青蛙遮阳。采用了这种模式后，农场的葡萄产量增加13%以上、青蛙产量增加10%以上，产品连续7年通过有机认证，亩均收入达到5万元以上，是常规农业生产效益的20～30倍。

2. 以畜禽粪便为纽带的种养循环模式

该模式围绕畜禽粪便肥料化综合利用，应用畜禽粪便沼气工程技术、畜禽粪便堆肥技术，配套设施农业生产技术、畜禽标准化生态养殖技术、特色林果种植技术，构建“畜禽粪便－沼气工程－沼渣、沼液－果（菜、粮、茶）”“畜禽粪便－有机肥－果（菜、粮、茶）”产业链。

【种养小课堂】

“1+1”生态循环模式

“1+1”生态循环模式即一个畜禽养殖场和一个种植园相匹配，养殖场产生的粪便等废弃物经过干湿分离后，应用于匹配的种植园中。例如：在山上建设生猪养殖场，然后通过建设管网，将处理后的沼液在重力条件下输送到山下柑橘林（图1-6），这种模式既为粪污找到了“归处”，也为山下的果树提供了充足的营养。

图1-6　山下栽种柑橘树

【案例】

大棚里的循环农业

近年来，山西省长治市长子县石哲镇西汉村依托种植、养殖、沼气等发展循环农业产业链。村里一共有300多个大棚，平均一户一个大棚。大棚里种着火龙果、番茄、黄瓜等各种蔬果。

村民段俊荣家主要种植火龙果，还养了几百只小鸡。段俊荣将 1～2 个月的雏鸡放进了大棚，在火龙果树下进行饲养。小鸡可以帮助除草、吃虫，鸡粪还能作肥料，改良土壤，提高土壤有机质。小鸡长大后，将其放出大棚，避免啄食火龙果。

众所周知，火龙果是热带、亚热带作物，在山西这种较冷凉的环境下种植，对温度和土壤的要求就会更严苛，所以必须大棚种植。火龙果在温度合适的时候，可以一直开花结果，因此对肥料的需求大，每隔 20 天就需要大面积施肥，以保证它的生长。这个时候就靠西汉村的“秘密武器”，就是 3 个沼气巢。它们每年可产生 7 万立方米的沼气，能够满足全村日常做饭和冬天取暖的需求，每户每年可以节省开支 2 000 多元。同时，沼液和沼渣可为西汉村 300 多个大棚提供有机肥。循环农业让西汉村村民既挣了钱，又省了钱。

3. 以秸秆为纽带的种养循环模式

围绕秸秆饲料化综合利用，构建“秸秆－饲料－养殖业”产业链，可实现秸秆资源化逐级利用和污染物零排放，使秸秆得到合理有效利用，解决秸秆丢弃、焚烧等带来的环境污染和资源浪费问题，同时获得清洁能源、有机肥料和生物基料（图 1–7）。

图 1–7　田间玉米秸秆回收

第二节　种养循环重要性

我国农业生产的各类种养业废弃物乱扔、乱排、乱放问题一直存在（图 1–8、图 1–9），这是美丽乡村建设的短板，迫切需要通过加强种养结合，发展种养结合循环农业，优化种植业、养殖业结构，逐步搭建农业内部循环链条，促进农业资源环境的合理开发与有效保护，不断提高土地产出率、资源利用率和劳动生产率。

大力发展种养循环的重要性如下：

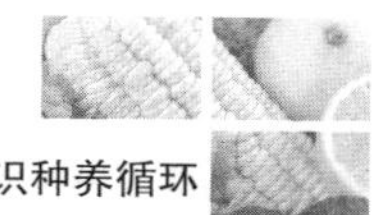

图 1-8　养殖场粪污乱排放

（图片来源：https://www.sohu.com/a/128078385_159202）

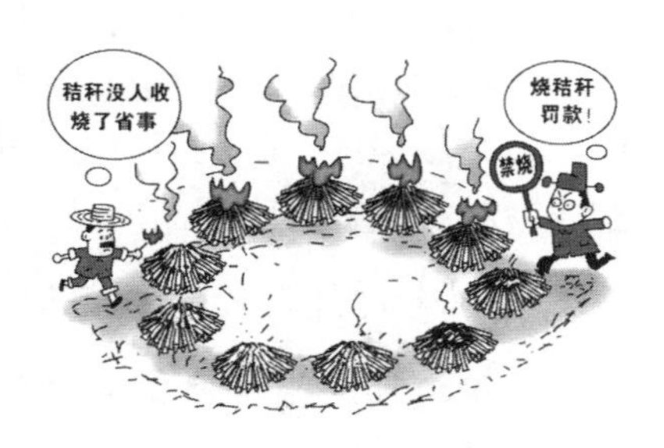

图 1-9　秸秆焚烧

（图片来源：http://mt.sohu.com/20170524/n494350817.shtml）

一、有利于农业资源高效利用

每吨干秸秆的养分含量相当于 50 ～ 60 千克化肥，饲料化利用可以替代 0.25 吨粮食，能源化利用可以替代 0.50 吨标煤。畜禽粪便含有农作物所必需的氮、磷、钾等多种营养成分，施于农田有助于改良土壤结构，提高土壤的有机质含量，提升耕地地力，减少化肥施用。每吨粪便的养分含量相当于 20 ～ 30 千克化肥，可生产 60 ～ 80 立方米沼气。2020 年，我国秸秆可收集利用量 7.0 亿吨，畜禽养殖年产生粪污量 30.5 亿吨，资源利用潜力巨大。种养循环可节约资源，减少农业生产成本。

二、有利于农业产业提质增效

我国几千年的农业发展历程中，很早就出现了“相继以生成，相资以利用”等朴素的生态循环发展理念，形成了种养结合、精耕细作、用地养地等与自然和谐相处的农业发展模式。当前，我国农业生产力水平虽然有了很大提高，但农业发展数量与质量、总量与结构、成本与效益、生产与环境等方面的问题依然比较突出。利用畜粪、秸秆等农业废弃物制作有机肥，作为种植业的重要肥料供应源头，为循环农业产业结构的完善和优化创造了有利条件。

四川省通过对畜禽粪便等资源进行循环利用，每年生产的沼气渣等废弃物达到了 7 500 万吨，可为 2 500 万亩的农田解决肥料供应问题。以眉山市丹棱县为例，该县种植的“不知火”橘橙超过了 24

万亩，每年橘橙的产出量在 30 万吨以上。大力推行种养循环模式，为橘橙种植提供了充足的肥料供应。据统计，该县对畜禽粪污的利用率超过了 80%。通过使用发酵技术处理粪污，每年果树产量可提高 30%，并且提升了果品的品质，价格也提高了 2 倍以上。

三、有利于农村人居环境改善

我国亩均化肥量远高于世界发达国家施肥水平。一个年出栏 1 万头猪的规模化养殖场每年能够产生固体粪便约 2 500 吨，尿液约 5 400 立方米。若将此部分废弃物用于生产有机肥料，将会大大减少化肥的施用量，并改善农村人居环境。在粮食与畜牧业生产重点地区，优化调整种养比例，改善农业资源利用方式，促进种养业废弃物变废为宝，是减少农业面源污染、改善农村人居环境、建设美丽乡村的关键措施。

自国家大力实施精准扶贫以来，四川省就建设了一批又一批的沼气能源站，为当地近 5 万人解决了能源供应问题；随着沼气工程建设项目的逐步完工，农村地区的生活排污情况得到了明显好转。现阶段，四川省使用沼气的用户长期维持在 600 万户以上，沼气池的总容积超过 170 万立方米，每年对畜禽粪便的处理量在 5 000 万吨左右，为农村环境的改善做出了巨大的贡献，还为生态农业的发展奠定了重要的基础。从长远发展的角度来看，该种运作模式具有广阔的发展前景。

【能量加油站】

农业绿色发展的深刻内涵

1. 更加注重资源节约

这是农业绿色发展的基本特征。长期以来，我国农业高投入、高消耗，资源透支、过度开发。推进农业绿色发展，就是要依靠科技创新和劳动者素质提升，提高土地产出率、资源利用率、劳动生产率，实现农业节本增效、节约增收。

2. 更加注重环境友好

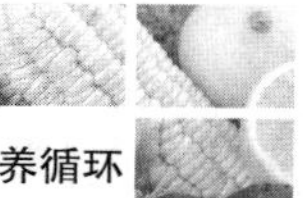

这是农业绿色发展的内在属性。农业和环境最相融，稻田是人工湿地，菜园是人工绿地，果园是人工园地，都是“生态之肺”。近年来，农业快速发展的同时，生态环境也亮起了“红灯”。推进农业绿色发展，就是要大力推广绿色生产技术，加快农业环境突出问题治理，重显农业绿色本色。

3. 更加注重生态保育

这是农业绿色发展的根本要求。山水林田湖草是生命共同体。长期以来，我国农业生产方式相对较粗放，农业生态系统功能退化。推进农业绿色发展，就是要加快推进生态农业建设，培育可持续、可循环的发展模式，将农业建设成美丽中国的生态支撑。

4. 更加注重产品质量

这是农业绿色发展的重要目标。习近平总书记强调，推进农业供给侧结构性改革，要把增加绿色优质农产品供给放在突出位置。当前，农产品供给中品种、质量类似的普通货多，优质的、品牌的农产品还不多，与城乡居民消费结构快速升级的要求不相适应。推进农业绿色发展，就是要增加优质、安全、特色农产品供给，促进农产品供给由主要满足“量”的需求向更加注重“质”的需求转变。

四、种养循环基本政策

近年来，我国现代农业建设加快推进，取得了巨大成就，但农业保供给、保收入、保安全、保生态的压力越来越大，农业发展已经到了必须加快转变发展方式，更加注重合理利用资源、更加注重保护生态环境、更加注重推进可持续发展的历史新阶段，发展生态循环农业意义重大、势在必行。

1. “种养循环”政策逐渐完善

自党的十八届五中全会明确指出要推动“粮经饲统筹、农林牧渔结合、种养加一体、一二三产业融合发展”“走产出高效、产品安全、资源节约、环境友好的农业现代化道路”以来，我国种养循环相关政策逐年完善。

2. 财政奖补支持政策

当前，在社会经济发展的新形势下，种养循环成为一种新的农业发展模式。建设专业的养殖场，开展种养结合，能够使农户获得相应的利润，但是，根据目前养殖场建设要求，前期需要大量修建资金，并要安排专人管理。据实地调查，规模养殖粪肥收集等方面所耗费的成本，在整个养殖场的资金投入中所占的比重超过了30%，土地整理费用也是一笔不小的开支，仅依靠企业或农户自身的资本进行运作较为困难。因此，对于从事养殖业的农户或企业而言，要用好财政奖补支持政策和农村金融支持政策。例如，《关于做好2021年农业生产发展等项目实施工作的通知》中，农业生产发展资金项目和农业资源及生态保护补助资金项目都与种养循环紧密相关，其中农业生产发展资金项目主要用于对农民直接补贴，以及支持农业绿色发展与技术服务、农业经营方式创新、农业产业发展等方面工作；农业资源及生态保护补助资金项目主要用于耕地质量提升、渔业资源保护、草原保护利用补助奖励、农业废弃物资源化利用等方面的支出。

（1）“绿色种养循环农业试点”奖补政策

①开展绿色种养循环农业试点。聚焦畜牧大省、粮食和蔬菜主产区、生态保护重点区域，优先在京津冀、长江经济带、粤港澳大湾区、黄河流域、东北黑土区、生物多样性保护重点地区等，选择基础条件好、地方政府积极性高的县（市、区），整县开展绿色种养循环农业试点，以县为单位构建粪肥还田组织运行模式，对提供粪污收集处理服务的企业（不包括养殖企业）、合作社等主体和提供粪肥还田服务的社会化服务组织给予奖补支持，带动县域内粪污基本还田，推动化肥减量化，促进耕地质量提升和农业绿色发展。

——《农业资源及生态保护补助资金项目实施方案》

②以推进粪肥就地就近还田利用为重点，以培育粪肥还田服务组织为抓手，通过财政补助奖励支持，建机制、创模式、拓市场、畅循环，力争通过5年试点，扶持一批粪肥还田利用专业化服务主体，形成可复制可推广的种养结合，养殖场户、服务组织和种植主体紧密衔接的绿色循环农业发展模式。

——《关于开展绿色种养循环农业试点工作的通知》

★ 实施范围。2021年，选择北京、天津、河北、黑龙江、上海、江苏、浙江、山东、河南、安徽、江西、湖北、湖南、广东、四川、云南、甘肃等17个省份开展试点。其中，北京、天津、上海和云南开展整省份试点；其他省份在畜牧大县或畜禽粪污资源量大的县（市、区）中，选择畜禽粪污处理设施运行顺畅、工作基础好、积极性高的粮食大县或经济作物优势县，开展整县推进。

★ 支持方式。中央财政对专业化服务主体粪污收集处理、粪肥施用到田等服务予以适当补奖支持，对试点县的支持原则上每年不低于1000万元。试点省份要统筹资金资源加大对绿色种养循环农业试点的支持，鼓励通过PPP模式（政府和社会资本合作的一种项目运作模式）等方式，吸引社会资本投入，形成工作合力。

★ 补奖内容。试点县可以结合本地畜禽粪污资源化利用主推技术模式，主要对粪肥还田收集处理、施用服务等重点环节予以补奖，不得用于补助养殖主体畜禽粪污处理设施建设和运营。支持对象，主要是提供粪污收集处理服务的企业（不包括养殖企业）、合作社等主体以及提供粪肥还田服务的社会化服务组织。试点补奖政策实施范围仅限耕地和园地，不含草场草地。依据专业化服务主体在不同环节的服务量予以补奖，补贴比例不超过本地区粪肥收集处理施用总成本的30%。对提供全环节服务的专业化服务主体，可依据还田面积按亩均标准打包补奖。试点优先安排蔬菜和粮食生产，兼顾果茶等经济作物。补奖资金对商品有机肥使用补贴不超过补贴总额的10%。粪肥还田利用机械不列入补奖范围，可通过农机购置补贴应补尽补。以四川省为例，省财政厅、农业农村厅下达2021年中央财政农业资源及生态保护补助资金45924万元，主要用于草原保护利用补奖、耕地轮作休耕等农业结构调整、绿色种养循环农业试点等方面，其中绿色种养循环农业试点下达补助资金24000万元，支持基础条件好的蒲江县等24个县（市、区）整县实施绿色种养循环农业试点项目。

（2）“农作物秸秆综合利用”奖补政策

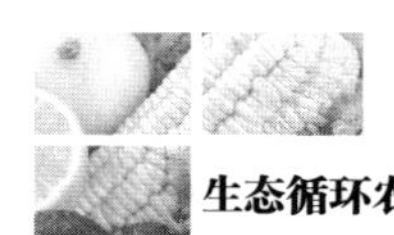

促进农作物秸秆综合利用。全面实施秸秆综合利用行动，实行整县集中推进。各地要结合实际，突出重点地区，坚持农用优先、多元利用的原则，培育壮大一批秸秆综合利用市场主体，激发秸秆还田、离田、加工利用等各环节市场主体活力，探索可推广、可持续的产业模式和秸秆综合利用稳定运行机制，打造一批产业化利用典型样板，积极推进全量利用县建设，稳步提高省域内秸秆综合利用能力。加强秸秆资源台账建设，完善监测评价体系。在东北地区重点聚焦耕地质量提升，促进秸秆还田增碳固碳。

——《农业资源及生态保护补助资金项目实施方案》

【能量加油站】

某地区农机购置补贴申请流程如图 1–10 所示：

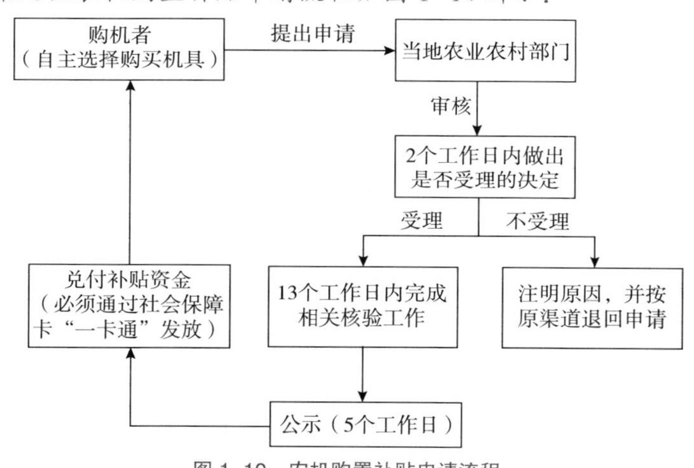

图 1–10　农机购置补贴申请流程

【思考与探究】

谈谈种养循环的重要性及发展模式。

【诗意田园】

村景

作者【秩名】

蔓生豆，藤结瓜，绿叶衬红花。

山有色，水无沙，渔村傍农家。

赏菊又观竹，煮酒再烹茶。

半塘池边采莲女，一盏灯前读书娃。

第二章 生态循环农业基础知识

【学习目标】

知识与能力目标

学习农业生态系统的概念、结构和功能；

理解循环农业的内涵；

掌握循环农业的原理。

（图片来源：https://www.xsnet.cn/content/2022-07/24/content_278018.html）

素质目标

能够利用地区得天独厚的自然条件和基础优势建立农业生态系统，推动农村经济高质量发展。

【思政目标】

培养学生树立科学的生态文明观，使其树立生态安全责任感，为社会生态文明建设做出更大的贡献。

第一节　农业生态系统

一、生物多样性

生物多样性是一定空间范围内多种多样有机体（植物、动物、微生物）有规律地结合在一起的总称。它是生物在长期进化过程中，对环境的适应、分化而形成的，是生物与生物之间、生物与环境之

间复杂的相互关系的体现。生物多样性是反映地球上所有生物及其生存环境和所包含的组成部分的综合体。

生物多样性包含三层含义。一是遗传多样性。它是遗传信息的总和，包含栖居于地球的植物、动物和微生物个体的基因。二是物种多样性。它指地球上生命有机体的多样化。三是生态系统多样性。它指生态系统特征的多样性，即种群、物种和生境的分布方式及丰富程度。

生态系统多样性与生物圈中的生境、生物群落和生态过程等的多样化有关，也与生态系统内部由生境差异和生态过程的多种多样引起的极其丰富的多样化有关。各种生态系统使营养物质及化学物质得以循环。生物多样性是生物资源丰富多样的标志，是人类社会赖以生存和发展的基础，农业生产与生物多样性密切相关。

1. 生物多样性是农业生产发展的基础

人类生存必需的食物全部来源于自然界，维持生物多样性，人们的食物品种才会不断丰富。

2. 生物多样性是培育农业动、植物新品种的基础

培育高产、优质、多抗的农作物新品种是提高农业生产发展水平的关键举措之一。农业生产中所使用的动植物品种是人们利用少量亲本资源长期定向培育的结果。这些品种的遗传物质基础相对狭窄，品种在生产长期应用中会出现退化现象，需要不断更新。而品种的更新则必须在自然界中寻找亲近的遗传物质，作为新品种的培育基础。因此，离开了生物多样性，新品种的培育将难以为继。

3. 生物多样性在保持土壤肥力、保证水质及调节气候等方面发挥了重要作用

近几十年，我国长期坚持人工植树，森林覆盖率逐年上升，已经由 21 世纪初的 16.6% 提高到 22% 左右，威胁人们生存的沙漠化现象得到了控制，生物多样性得到了一定程度的恢复。

4. 生物多样性有助于保持农业生态系统的稳定性

生态系统的物质循环、能量流动、信息传递，有着相互依赖、相互制约的关系。生物多样性对大气层成分、地球表面温度、土壤

通气状况及土壤酸碱度等方面的调控发挥着重要作用。当生态系统丧失某些物种时，就可能导致生态系统功能失调，某些结构简单、功能脆弱的生态系统甚至会面临瓦解。因此，保护生物多样性，对于农业生产和人类未来的发展具有重大的意义（图 2-1）。

图 2-1　生态农业

二、农业生态系统的概念

农业生态系统是人们在一定的时间和空间范围内，利用农业生物与非生物环境之间及生物种群之间的相互作用建立起来的，并在人和自然共同支配下进行农副产品生产的综合体。它具备生产力、稳定性和持续性三大特性。

农业生态系统是由农业生物和非生物环境两大部分组成的，又分为生产者（绿色植物）、消费者（动物）、分解者（微生物）和农业环境四大基本要素。农业环境因素主要包括光能、水分、空气、土壤、营养元素和生物种群，以及人的生产活动等。

在农业生态系统中，绿色植物包括各种农作物和人工林木等通过光合作用将简单的无机物转化成有机物，同时将光能转化为生物潜能，这一过程被称为初级生产，因此绿色植物又被称为初级生产者。植食动物如马、牛、羊等直接靠摄食植物生存，被称为初级消费者，又因为植食动物具有把植物食料转化为肉、蛋、奶、皮、毛和骨等产品的功能，所以也被称为次级生产者。肉食动物、寄生动物和腐生动物为次级消费者。微生物，包括真菌、细菌和放线菌等，能把生物的残体、尸体等复杂有机物质最终分解成能量、二氧化碳、水和其他无机养分。由于它们的功能是把有机物还原成无机物，微生物又称还原者。农业生态系统就这样通过植物（生产者）、动物（消费者）、微生物（分解者），把无机界和有机界连接成一个有机整体，构成一个结构复杂、持续协调的能量流动和物质循环的系统。

三、农业生态系统的结构

农业生态系统的基本结构是指农业生态系统的构成要素及其在时间、空间上的配置，以及能量和物质在各要素间的转移、循环途径。它包括环境结构、物种结构、时空结构和营养结构。

1. 农业生态系统的环境结构

农业生态系统的环境结构是指农业生态系统的环境组成状况。它由光、温、水、气、土、营养元素等自然生态因子，各种农业基础设施、物化技术措施等人工生态因子组成。

2. 农业生态系统的物种结构

农业生态系统的物种结构，又称组分结构，是指农业生态系统的生物组分由哪些种群组成，以及它们之间的量比关系。它主要由有关农、林、牧、渔生产的生物种类及其伴生生物种群构成。一般通过引种和选种育种方式直接调整农业生态系统的物种结构。

3. 农业生态系统的时空结构

农业生态系统的时空结构是指生态系统中各生物种群在空间上的配置和时间上的分布，它构成了生态系统形态结构在时空上的特征。

（1）时间结构

时间结构是指农业生态系统中，各种生物种类的生长发育进程与环境资源节律变化的吻合情况。其包括种群嵌合时间结构、种群密集时间结构和设施型时间结构。空间结构包括水平结构和垂直结构。

（2）水平结构

水平结构是指农业生态系统生物种群及其数量在系统水平空间的组合布局状况，包括区域生态景观、生态交错带、区域农业布局等。农业生态系统的水平结构除了受自然环境条件的影响之外，不同农业区位和社会经济条件也有重要影响，如该地区的人口、交通、生产技术、资金、信息等都是非常重要的影响因素。

（3）垂直结构

垂直结构又叫立体结构，是指农业生态系统生物种群及其数量在系统垂直空间（立体空间）的组合布局状况。

由此，可在一定单位面积土地（水域、区域）上，根据自然资

源的特点和不同农业生物的特征、特性，在垂直方向上建立由多种共存、多层次配置、多级质能循环利用的立体种植、养殖等的生态系统。

4. 农业生态系统的营养结构

农业生态系统的营养结构是指农业生态系统的多种农业生物按营养供需关系所联结（搭配）成的生物种群序列或网络，即以营养为纽带，把生物与环境、生物与生物紧密联系起来。这种营养结构由于类似于自然生态系统中食物链的构成，又被称为食物链结构或食物网结构。

自然生态系统中，食物链是指生态系统中生物成员间通过“吃”与“被吃”方式而彼此联系起来的食物营养供求序列。由于食性不同，食物链常被划分成四种类型：①捕食性食物链；②腐食食物链；③混合食物链；④寄生食物链。例如，捕食性食物链是以直接消费活有机体或其组织和器官为特点的食物链，如湖泊中存在的藻类－甲壳－小鱼－大鱼食物链。

食物网结构是以食物网方式建立起的营养结构。食物网是指在生态系统中多条食物链相互联结而成的食物供求网络。人们常常通过延长食物链，增加系统的组成成分和多样性，从而提高能量的利用率和转化率，增强生态系统的稳定性。营养结构是生态系统中物质循环、能量流动和信息传递的主要途径。

四、农业生态系统的基本功能

农业生态系统的基本功能主要表现为能量流动、物质循环和信息传递。农业生态系统通过由生物与环境构成的有序结构，可以把环境中能量、物质、信息和价值资源转变成人类需要的产品，具有能量转换、物质生产、信息传递和价值形成的功能，在这种转换之中形成相应的能量流、物质流、信息流和价值流。

1. 能量流动

能量流动是生态系统存在和发展的动力。农业生态系统利用太阳能并在绿色植物－植食动物－肉食动物等之间传递，形成能量流（图2–2），同时还利用各种自然和人工辅助能（如煤、石油、化肥、农药、薄膜等）。

农业生产中，通过植物（生产者）、动物（消费者）、微生物（分解者），形成了连续不断的物质循环和能量转化系统。这个系统中，除太阳能外，常常还由人类以栽培管理、选育良种、施用化肥和农药及进行农业机械作业等形式，投入一定的辅助能源，因而增加了可转化为生产力的能量。农作物的高生产力，在很大程度上是由人类投入的各种形式的辅助能源来维持的。

（1）能量流动的基本规律

①进入农业生态系统的能量不会自行消灭，而是由一种形式转换成另一种形式；②进入农业生态系统的能量在不同营养级之间转换时，上一级营养级的能量只有部分被下一级营养生物有效利用。

（2）能量流动的特征

①能量流动是单向流动；②能量流动是能量不断递减的过程；③能量流动的途径和渠道是食物链和食物网。

在生产实践中主要依靠提高系统对太阳能的利用率和强化系统内食物能量的转化效率，来提高农业生态系统的能量转化效率，实现农业生态系统持续发展。

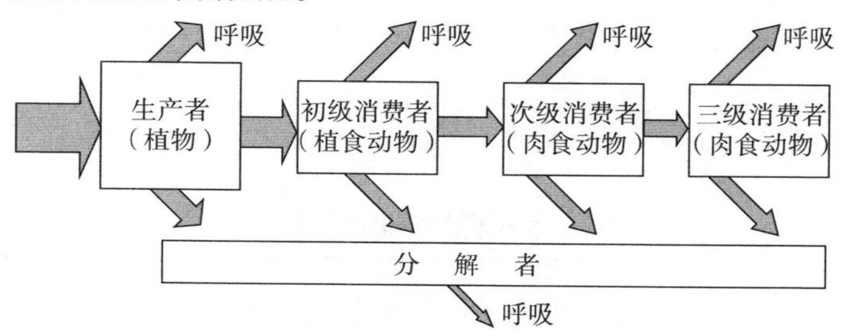

图 2-2　农业生态系统的能量流示意图

2. 物质循环

物质循环是指物质的重复利用，指生态系统的一切物质在生物与环境不同组分之间的频繁转移和循环流动。根据重复利用方式不同，物质循环分为地质大循环和生物小循环。地质大循环是指物质或元素经生物体吸收作用，从环境进入生物体内，然后生物以死体残体或分泌（排泄）物形式将物质或元素返回环境，进而加入五大自然圈（大气圈、水圈、岩石圈、土壤圈、生物圈）的循环过程。

地质大循环的特点是：历时长、范围大、呈封闭式循环。生物

小循环是指环境中的物质或元素经初级生产者吸收作用，继而被各级消费者转化和分解者还原，并返回到环境中，其中大部分很快又被初级生产者再次吸收利用，如此不断进行的过程。生物小循环的特点是：历时短、范围小、呈开放式循环。

物质循环按其循环属性不同，可分为气相循环、水循环和沉积循环。其中，气相循环，如二氧化碳、氮气循环，具有全球性循环的特点，属于完全循环。沉积循环，如磷、硫、钙、钾、钠、铁等元素循环，表现出非全球性循环，属于不完全循环。

农业生态系统的物质循环，通常是指生命活动必需的元素或无机化合物在农业生态系统中，沿着环境－初级生产者－次级生产者－分解者－环境的路径，周而复始地被合成再分解的过程（图2-3）。其核心是养分循环。

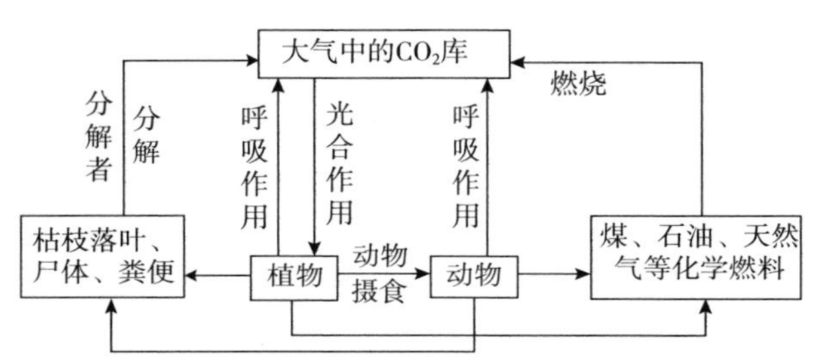

图 2-3　农业生态系统的物质流（以碳循环为例）示意图

【能量加油站】

农业生态系统养分循环的特点

1. 有较高的养分输入率和输出率；
2. 系统内部养分的库存量较低，但流量大、周转快；
3. 养分保持能力弱，流失率较高；
4. 养分供求同步机制较弱。

农业生态系统的养分循环主要在土壤、植物、畜禽和人这四个养分库之间进行，同时每个库都与外部系统保持多条输入流与输出流。土壤是农业生态系统养分的主要贮存库，土壤接纳、保持、供给和转化养分的能力对整个系统的功能和持续性至关重要。

农业生态系统的输入与输出、养分库存量及其随时间的变化、

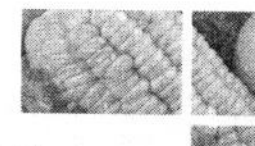

各养分库及相应的输入输出对整个系统养分再循环和收支平衡的贡献，都通过定量化的养分循环而表现。通过了解农业生态系统养分循环过程、输入与输出及其平衡状况，把握农业生态系统的物质循环。因此，只有对农业生态系统进行合理投入，适当补充因农副产品输出系统外而带走的物质，才能维持系统结构和提高持续生产功能。

3. 信息传递

信息传递是指生态系统中各种信息借助由信息源、信息传播渠道和信息受体构成的信息网进行传播的过程。生态系统信息类型有营养信息、化学信息、物理信息和行为信息等。信息传递是生态系统进行自我调控的依据。一个农业生态系统是否高效持续发展，在相当程度上取决于其信息生产量、信息获取量、信息获取手段、信息加工与处理能力、信息传递与利用效果及信息反馈效能，或者说取决于农业生态系统的信息流状态。在农业生产实践中，常常利用光信息来调节和控制生物的发生发展（如利用昆虫的趋光性诱杀农业害虫），利用化学信息来控制生物行为（如利用昆虫的性外激素来诱捕昆虫）等。

五、农业生态系统的物质生产功能

1. 农业生态系统物质生产力的概念

生产力是指一定时期内从农业生态系统所能获得的生物产量。即单位时间内、单位面积上生产的有机物质的多少称为生态系统的生产力。它是任何生态系统基本的数量特征，其大小标志着能量转化效率和物质循环效率的高低，是生态系统功能的具体体现。系统生产力的大小，不是仅以系统内某个生物种群或某个亚系统（如种植业）的生产力为衡量标准，而是以农业生态系统的总体生产力来评价，它包括初级生产力、次级生产力及腐食食物链的生产力。因此，农业生态系统中种植业的初级生产和动物饲养业乃至腐食食物链生物的次级生产都应受到重视。

2. 初级生产和次级生产

初级生产是指自养生物（绿色植物等）把太阳能转化为化学能，

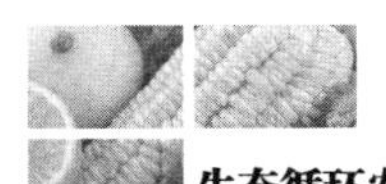

把无机物质转化为有机物质的生产，是生态系统的第一性（次）生产。初级生产者包括绿色植物和化能合成细菌等。次级生产是指动物、微生物直接或间接利用初级生产的产品进行的物质生产，是生态系统的第二性生产。如大农业中的畜牧水产业和食用菌产业生产都属次级生产。

3. 提高初级生产力的方法

（1）生产实践中，造成初级生产力低下的主要原因：

①漏光损失影响光能利用率。

②光饱和限制造成光能浪费。

③呼吸消耗造成光合产物的耗损。

④光能利用率受环境条件及生理状况的限制。

（2）目前，在提高光能利用率的方面常采用以下方法：

①改善植物品质特点，选用高光效农业植物类型和品种。如选用抗逆性强的作物品种。

②因地制宜，尽量扩大绿色植物覆盖率，利用一切可种植的土地种绿色植物。充分利用太阳能，增加系统的生物量或生物能，增强系统的稳定性。

③改进耕作制度，提高复种指数，合理密植，实行立体种植，提高栽培管理水平。如实行高秆和矮秆作物间、套作，可以提高单位面积农田的总光能利用率；禾谷类作物与豆科作物间、套作，可以兼收培养地力和充分利用光能的效果。

④强化良种良法配套，充分发挥良种的增产作用。五是加强生态系统内部物质循环，减少养分、水分制约。六是调控作物群体结构，尽早形成并尽量维持最佳的群体结构。

4. 提高次级生产力的方法

（1）次级生产力在农业生态系统中具有十分重要的作用

①转化农副产品，提高利用价值。

②生产动物蛋白质，改善食物构成。

③促进物质循环，增强生态系统功能。

④提高经济价值。

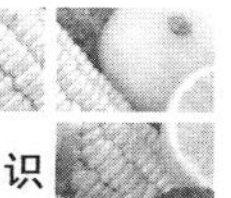

（2）提高次级生产力的主要方法

①改进次级生产者结构，使初级生产的各种食物能量得到充分利用和多次转化。如发展植食动物和鱼虾等水生生物，可直接将农作物秸秆、菜叶、草等所含能量转化为肉、奶等食物能量；充分利用腐食食物链进行物质生产，有效利用分解能等。

②实行科学喂养，根据喂养动物生育规律，选择最佳饲料结构与饲养方法，达到提高食物转化效率的目的。如在鱼塘中放养草鱼、鲢、鳙、鲫和鲤等多种食性不同的鱼种，构成一个多层次的营养结构，由此产生的综合生态效果，远远超过单养某个鱼种的效果。

③合理控制畜禽，减少维持消耗。

④选择和生产优质饲料。

5. 初级生产与次级生产的关系

次级生产依赖初级生产；合理的次级生产促进初级生产；过度的次级生产破坏初级生产，使生态系统退化。为了提高系统的总体生产力，需要建立系统内各个生物种群之间相互配合、相辅相成、协调发展的高效能量转化。

一个生物种群常常只能利用整个农业资源的一部分，而不同生物种群的合理组合则能使系统内物质和能量在其循环、转化过程中得到多层次、多途径的利用，通过彼此间的相互调剂、相互补偿和相互促进产生整合作用，其综合效果往往大于生物种群各个分项效果的总和。建立合理的农业生态系统结构，有利于资源的充分有效持续利用，有利于较好地维持系统生态平衡，有利于保持系统适度的多样性和较强的稳定性，有利于获得较高的系统产量和优质多样产品。如处理好农业生态系统中主要产业的相互关系，就可以较大幅度提高系统的整体功能。

因此，根据当地的自然条件，充分利用空间，因地制宜合理配置粮果林用地，改善农田小气候，创造高产稳产的生态环境。通过处理好大田作物与畜牧业的关系，在系统内实现种植业给畜牧业提供饲料来源，畜牧业给种植业提供优质有机肥，从而形成相互依存、相互促控的循环利用关系，可以提高系统生产力。通过处理好大田种植业与渔业的关系，渔业在提供优质水产品的同时，也做到塘泥

肥沃农田，作物秸秆又可做鱼饲料，实现粮渔双丰收。在稻作养猪一养鱼相结合的生态结构下，用粮饲猪、猪粪喂鱼、鱼塘泥做稻田肥料，达到农、牧、渔业相互促进的综合生态效果，且超过种稻、养猪、养鱼单项生态效益和经济效益的总和。通过处理好农、林、牧、渔与加工业的关系，在系统中发展配套加工业，促进物质合理循环，同时又实现产品增值，提高系统的经济效益，还可以就地转化农村剩余劳动力。

六、农业生态系统的生态平衡功能

生态平衡是指在一定时间和一定范围内，生物与环境、生物与生物之间相互适应所维持着的一种协调状态。它表现为生态系统中生物种类组成、种群数量、食物链营养结构的协调状态，能量和物质的输入与输出基本相等，物质贮存量恒定，信息传递畅通，生物群体与环境之间达到高度的相互适应与同步协调。

农业生态系统的生态平衡就是农业生态系统的结构、功能在一定时间和范围内保持相对稳定，且结构与功能相适应的状态。生态系统处于生态平衡状态时的功能结构叫作稳态结构，即生态系统对任何外来干扰和压力均能产生相应的反应，借以保持系统各组分之间的相对平衡关系，以及整个系统结构、功能的大体稳定状态，使整个系统得以延续存在下去。

1. 农业生态系统的稳态结构

农业生态系统的稳态结构有以下三个层次：

（1）农业生物与农业环境的适应结构

主要是为了增加农业生物种群产出、创造良好生态环境而建立的一系列结构。

（2）农业产业结构

即农、林、牧、渔各类在农业生产中所占比例。在一定时期内，农业产业结构呈稳定状态，各业生产没有大起大落。

（3）农业各产业内部结构

例如，种植业结构即粮、经、饲、肥、园艺作物等合理搭配；林业结构即用材林、经济林、保护林等合理布局与配置；牧业结构

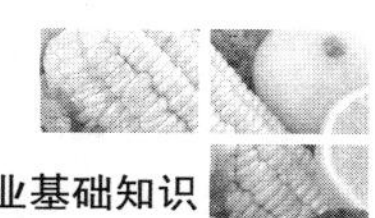

即畜禽等发展规模，在一定时期内保持基本稳定。

达到稳定或平衡的生态系统，生产、消费和分解之间，即能量流动和物质循环，较长时间地保持相对平衡的状态，其生物量和生产效率维持在相当高的水平。生态系统的平衡状态是靠自我调节过程来实现的，生态系统内部的自我调节能力和稳定性主要依靠其结构成分的多样性及能量流动和物质循环途径的复杂性。一般来说，在结构成分多样、能流成分复杂的系统中，稳定易于保持。因为如果其中某一部分机能发生障碍，可以由其他部分进行调节和补偿，某一物种的数量消长不致危及整个系统。但是，即使是复杂完整的生态系统，其内在调节能力也是有限度的，当外来干扰因素等超过一定限度时，生态系统自我调节功能受到损害，食物链可能断裂，有机体数量就会减少，生物量下降，生产力衰退，从而引起系统的结构和功能失调，物质循环和能量流动受到阻碍，导致生态失衡，甚至发生生态危机。

2. 农业生态系统的调控

对农业生态系统的调控可分为经营者直接调控和社会间接调控两种途径。

（1）经营者直接调控常用方法

①通过利用农业技术措施改善农业生物的生态环境，达到调控的目的。如通过建立人工温室、塑料大棚和覆盖地膜等来调节作物生长的气候环境。

②采用农业生产资料输入和农产品输出手段，保持系统输入和输出平衡，使农业生态系统稳定持续生产。

③通过对生物种群遗传特性、栽培技术和饲养方法的改良，增强生物种群对环境资源的转化效率，达到调控的目的。

④对系统结构进行调控。确定组成系统各部分在数量上的最优比例，如对农林牧用地最优比例进行规划；确定组成系统各部分在空间上的最优联系方式，如因地制宜合理布局农林牧生产，创建立体组合与多层配置；确定组成系统的诸要素在时间上的最优联系方式，找出适合当地优先发展的突破口。

（2）社会间接调控是指运用农业生态系统外部因素，包括金融、

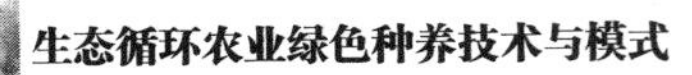

科技、文化、交通、政法等有关社会因素，来影响经营者的行动，对农业生态系统实行间接调控。

七、农业生态系统的特点

与自然生态系统一样，农业生态系统在组成方面是由有生命的有机体和无生命的物质结合而成的；在空间结构方面，反映出一定的地区特性及空间结构；在时间变化方面，生物具有发育、繁殖、生长与衰亡等特征；在内部关系方面，其代谢作用是通过内部复杂的能量、物质转化过程完成的；在外部关系方面，它是一个开放的系统，不断与外界交换物质和能量，通过转化维持着系统的有序状态。同时，农业生态系统与自然生态系统又有显著不同的特点：

1. 农业生态系统受人类调控

建立健全农业生态系统的目的是更好地将自然资源高效持续地转化为人类需要的各种农产品。人们运用各种技术措施调节和控制生态系统生物种类及数量，通过基本设施建设和多种技术措施调节和控制各种环境因素及其结构和功能。农业生态系统作为一种人工生态系统，同人类的社会经济领域密切不可分割。

2. 农业生态系统的稳定性差

农业生态系统的生物种群构成，是人类选择的结果。通常只有符合人类经济要求的生物学性状诸如高产性、优质性等被保留和发展，并只能在特定的环境条件和管理措施下才能得到表现。同自然生态系统下生物种群的自然演化不同，农业生态系统的生物种群对自然条件与栽培、饲养措施的要求越来越高，其他物种通常要被抑制或排除，物种种类大大减少，食物链简化、层次减少，致使系统的稳定性明显降低，容易遭受导致生物不育因素的破坏，需要人为合理调节和管理才能维持其结构和功能的相对稳定。一旦环境条件发生剧烈变化，或管理措施不当，它们的生长发育就会由于失去了原有的适应性和抗逆性而受到影响，导致产量和品质下降。这也说明了必须采取各种技术措施，对系统进行调节、控制，以减少这种波动对生态系统造成的干扰和影响。

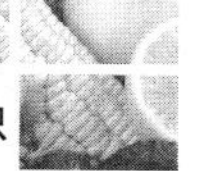

3. 农业生态系统的净生产率较高

农业生态系统是在人类的干预下发展的。而人类干预的目的是为了从系统取得尽可能多的产物，以满足自身的需要。因而，同自然生态系统下生物种群的自然演化不同，一些符合人类需要的生物种群可以提供远远高于自然条件下的产量。系统总体生产力的提高在很大程度上还取决于人类以化学肥料、杀虫剂、除草剂、杀菌剂和石油燃料等形式投入系统的物质和能量。在一定范围内，投入量增加可使农业生态系统产物增产。

4. 农业生态系统开放性强

农业生态系统对外提供大量的食物和工业原料，使系统内大量物质和能量以农产品的形式输出系统。因此，为了维持系统的生态平衡，以便进行再生产，又需要向系统输入大量补充能量和物质。这种“大进大出”表明其比自然生态系统更开放。农业生产是一个能量与物质流通过程，无论能量与物质提供者的环境条件或者生产者的生物体，在一定时空条件下，它们的生产能力都是有一定限度的，超过其极限，就会造成生态平衡的破坏，使自然资源衰退，农业生产效率下降。例如，由于捕捞强度过大，超过了渔业资源的再生能力，淡水湖泊的主要经济鱼类资源日趋枯竭。在耕地利用上，忽视养用结合，以致土壤肥力严重衰退，引起土壤退化。因此，在大量的物质和能量随着商品流出农业生态系统之后，就必须从外界投入足够的物质和能量，才能保持其平衡。同时，对农业资源不能只顾利用，不断索取，必须加以保护，使之休养生息，才能促进资源增值，提高农业产量。

5. 农业生态系统受双重规律支配

农业生态系统是一个自然、生物与人类社会生产活动交织在一起的复杂系统，它是一个自然再生产与经济再生产相结合的生物物质生产过程。农业生产过程受到自然规律的支配，即种植业、养殖业与渔业等实质上都是生物体的自身再生产过程，不仅受自身固有的遗传规律支配，还受光、热、水、土、气等多种因素的影响和制约。同时，农业生产是经济再生产过程，又受社会经济规律的支配。

即农业生产是按照人类经济目的进行的，投入和产出受到经济和技术等多种社会条件的影响和制约。人类从事农业生产，就是利用并促进绿色植物的光合作用，将太阳能转化为化学能，将无机物转化为有机物，再通过动物饲养，提高营养价值，使农业生态系统为社会尽可能多地提供农产品。同时，人类运用经济杠杆和科学技术来提高和保护自然生产力，提高经济效益。总之，发展农业，必须处理好人、生物和环境之间的关系。通过建立一个合理、高效、稳定的人工生态系统，促进农业现代化建设。

第二节　循环农业的内涵

一、循环农业的产生

新中国成立以来，我国农业的增长在依靠农业科技发展的同时，也在很大程度上依赖于资源开发和化石能源投入的增加。但是在农产品数量不断增长的同时，农业发展也造成了环境污染、生物多样性破坏、地下水资源污染、食品安全和外来生物入侵等问题不断增加，由此带来的自然灾害的发生越来越频繁。这种状况亟待改变，否则必将影响我国经济社会发展的大局。在这种形势下，20 世纪 80 年代初期，社会各界人士提出了缓解和消除我国生态环境问题的对策和措施。从农业方面着眼，先后提出了发展生态农业、有机农业、绿色农业、低碳农业、可持续农业和循环农业等多种农业发展模式。20 世纪 80 年代中期，有关循环农业的文章，陆续在有关学术期刊发表。特别是进入 21 世纪以来，大力发展循环农业，积极推行节能减排、减少污染、保护生态环境、提高资源利用效率的绿色生产技术，这为解决农业乃至整个生态环境问题提供一条有效的途径和方法。

党和政府高度重视保护农业生态环境与发展循环农业。20 世纪 80 年代，农业部就在农业生产中大力推广实行间、混、套作，水旱轮作，绿肥种植，广积有机肥等循环农业的技术措施；在高等农业院校开办了农业环保专业，举办了农业环保管理干部培训班，对全国农业系统的干部进行农业环境保护知识培训；就工业三废（指废气、废水、废渣）对农业生产的影响案例，进行了深度调研与及时处理。

20 世纪 90 年代，省、市、县普遍建立了农业环境保护的专门机构，充实了技术力量，开展了绿色生产技术的研究与试验示范。生态农业、绿色食品、有机食品的生产技术逐步完善，产地环境、施肥、农药施用生产技术规程、产品标准体系建立，循环农业技术在生产中得到进一步推广。2006 年中央 1 号文件提出，要推进现代农业建设，加快发展循环农业。党的十七届三中全会指出：要加强农业面源污染防治，实施农村清洁工程，到 2020 年基本形成资源节约型、环境友好型农业生产体系，实现农村人居环境明显改善。

根据农业农村部制定的《2019 年农业农村科教环能工作要点》，目前农业生态环境保护与循环农业的工作重点放在以下六个方面：

（1）强化耕地土壤污染管控与修复

加快耕地土壤环境质量类别划分，制定分类清单。出台污染耕地安全利用推荐技术目录，推广低吸收品种替代、土壤酸度调节、水肥调控等技术措施，建设一批受污染耕地安全利用集中推进区，打造综合治理示范样板，探索安全利用模式。

（2）全面实施秸秆综合利用行动

以肥料化、饲料化、燃料化利用为主攻方向，做好技术对接，全面推进秸秆综合利用工作。探索秸秆利用区域性补偿制度，整县推动秸秆全域全量利用。开展秸秆综合利用台账制度建设，搭建国家、省、市、县四级资源数据共享平台，为实现秸秆利用精准监测、科学决策提供依据。

（3）深入实施农膜回收行动

出台《农用薄膜管理办法》，强化多部门全程监管，严格农膜市场准入，全面推广标准地膜。深入推进 100 个农膜回收示范县建设，加强回收体系建设，加快全生物降解农膜、机械化捡拾机具研发和应用，组织开展万亩（亩为非法定计量单位，1 公顷 =15 亩，后同）农膜机械化回收示范展示。探索建立“谁生产、谁回收”的农膜生产者责任延伸机制。

（4）大力发展生态循环农业

开展生态循环农业示范创建，推进种养循环、农牧结合。创建一批主导产业鲜明、产地环境优良、投入品有效管控、农业资源高

效利用、农产品绿色优质的生态循环农业示范县；以涉农企业为主体，创建一批农业生产与资源环境综合承载力相适应的现代生态农业园。着眼农业高质量发展，研究构建以绿色生态为导向的生态循环农业政策框架体系。

（5）开发利用农村可再生能源

强化农村沼气设施安全处置，示范推广沼气供气供热、秸秆打捆直燃供暖、秸秆热解炭气联产、生物质成型燃料和太阳能利用等技术与模式，打造一批农村能源多能互补、清洁供暖示范点。加快推进农村地区节能减排，因地制宜推广清洁节能炉灶炕。研究生物天然气终端产品补贴、全额收购等政策，推动出台农村地区生物天然气发展的意见。

（6）加强农业生物多样性保护

加强农业野生植物资源管理，推动制定第二批国家重点保护野生植物名录。开展重点保护物种资源调查，加大农业类珍稀濒危物种资源抢救性收集力度。做好已建农业野生植物原生境保护区（点）管护工作，新建一批原生境保护区（点）。推动外来物种管理立法，提出第二批国家重点管理外来入侵物种名录。强化综合防控，新建一批生物天敌繁育基地，做好应急防控灭除。

二、循环农业的内涵

循环农业是相对于传统农业发展提出的一种新的发展模式，是运用可持续发展思想、循环经济理论与生态工程学方法，结合生态学、生态经济学、生态技术学原理及其基本规律，在保护农业生态环境和充分利用高新技术的基础上，调整和优化农业生态系统内部结构及产业结构，提高农业生态系统物质和能量的多级循环利用，严格控制外部有害物质的投入和农业废弃物的产生，最大限度地减轻环境污染。简单来讲，循环农业就是运用物质循环再生原理和物质多层次利用技术，实现较少废弃物的生产和提高资源利用效率的农业生产方式。循环农业将现代科学技术与传统农业精华的生产模式相结合，运用“整体、协调、循环、再生”的原理，合理组织农业生产，实现高产、优质、高效与持续发展，达到经济、生态、社会三大效

益的统一。循环农业作为一种环境友好型农作方式，具有较好的社会效益、经济效益和生态效益。

循环农业是针对农业发展面临的资源匮乏、能源短缺、生态破坏、环境污染、食品安全问题背景下提出的一种农业发展新模式。该模式重点强调：农业投入—节约资源，生产过程—高效，生产产品—环保；要求做到：废物再用、资源再生、变废为宝、化害为利；其核心是：变传统农业“资源－农产品－废物”的直接性生产为循环农业“资源－农产品－废物（再生资源）－新产品”的循环型生产。循环农业具有资源投入少、能量效率高、物质产出多、环境污染少、系统功能强的特征。

循环农业是一个农业生产物质与能量多层次循环利用系统，系统内各要素相互利用、相互作用、实现系统整体优化。它在农业生产系统运行过程中以高新技术为支撑，使用农业高新技术保障农业可持续发展。它在整个农业生产系统过程中以“减量化、再利用、资源化”为准则，形成农业生产循环链，把上一级生产所产生的废弃物变成下一级生产环节的原料，循环往复，有序进行，实现农业生产的低消耗、少排放、高效益，以及农业生态系统的良性循环，达到经济发展与资源节约、环境保护协调统一。

循环农业深刻体现了以发展为主导的思想，在求发展的同时，依据经济和环境协调发展的方针，注重环境保护和生态建设。循环农业将农业生产经济活动真正纳入农业生态系统循环中，实现生态的良性循环与农业的可持续发展。

【能量加油站】

循环农业与传统农业的区别

1. 发展理念

在农业发展理念上，循环农业注重把循环经济理念应用到农业生产中，改变传统农业只重视农业“产中”过程与环节的状况，提倡农业生产全过程控制。

2. 生产方式

在农业生产方式上，循环农业改变了传统农业片面追求高投入、高产出而带来的高消耗、高排放、高污染的生产方式，注重建立资源利用高效率、资源投入最低化、污染排放最少化、提倡“零排放”“零污染”的生产目标。

3. 生产模式

在农业生产模式上，循环农业改变传统农业常常局限于农业系统内部的小产业、小范围、小规模而忽视与外界相关产业的衔接和循环的模式，注重从整体角度构建农业及其相关产业的能量、物质循环产业体系，使农业系统与工业系统相互交织构成大农业体系、大产业系统。

4. 生产技术

在农业生产技术应用上，传统农业应用的循环农业技术、清洁生产技术以农民的生产经验和单项技术为主，而循环农业采用的技术主要是以综合、配套技术为主，并及时采用最新开发的高新技术，以便尽快在农业生产中获得效益。

5. 生产管理

在生产管理上，传统农业是以分散的、小规模的农户经营为主，依靠小规模生产中摸索的经验组织生产，往往违背市场经济规律，效益低下。而循环农业更多地采用“企业＋基地十农户”或农民专业合作社的形式，将农民组织起来进行全产业链的开发，通过农业职业经理人进行规范管理，通过科学管理使农业资源发挥更大的效益。

6. 生产效益

在农业生产效益上，循环农业改变了传统农业常常“顾此失彼”，获得好的经济效益，失去生态效益、环境效益的情况，始终将经济效益、生态效益和社会效益放在同等重要位置，从系统、全局、长远考虑，平衡发展、协调发展、持续发展。因此，循环农业是实实在在的高效农业、可持续农业。

三、循环农业的特征

循环农业与其他农业生产发展模式比较，具有以下明显特征：

1. 循环农业注重改善农业生态环境

循环农业把改善农业生产环境和保护农田生物多样性作为农业持续稳定发展的基础，通过节约资源、改善资源质量和提高资源利用效率三大措施来加快改善农业生产环境。

（1）重视节约资源

循环农业在生产过程中始终坚持减量化原则，其核心是要减少各类资源的投入，走资源、能源节约的路子。发展循环农业，一是做到节约农业生产资源。包括节时（减少农耗时间、充分利用季节、不误农时）、节地、节水、节肥、节药、节种、节材、节饲（提高畜牧业的饲料利用率和转化率）。二是做到节约能源（节油、节电、节煤、节柴）。三是做到节约资金。四是做到节约劳动力，促进农村劳动力向二、三产业转移等。循环农业通过减少购买性资源、能源（如化肥、农药、农膜等）投入，减少了二氧化碳、氮氧化物、甲烷等温室气体的排放，有利于减缓全球气候变化，也就是保护了农业生态环境。

（2）重视改善资源质量

循环农业实施农业清洁生产，改善农业生产技术，适度使用环境友好的“绿色”农用化学品，大大减少了化肥、农药、饲料添加剂等各种化学制品的使用，而且对系统输出的“废物”“污染物”还通过资源化、无害化处理，实现环境污染最小化，使得农业生态环境在得到保护的同时，生产出来的农产品也是无公害、绿色产品，甚至是有机产品，其优质性、安全性和保健性得到了充分保障。

（3）重视提高资源的利用效率

循环农业丰富多样的生产模式有利于提高资源的利用效率。由于组成循环农业的生物种类多、产业部门多，加上不同生物、不同产业部门之间存在复杂的能量流、物质流、价值流、信息流，因而，由此构成的循环农业模式往往是多种多样的和丰富多彩的，有利于提高资源利用的效率。

2. 循环农业注重农业产业化经营

循环农业提倡农业产业化经营，采用高新技术优化农业系统结构，实现资源利用最大化。传统农业是“资源－产品－废物（排入环境危及生态）”的直线性生产模式，而循环农业改变了传统高效农业这种直线性生产模式，建立了“资源－产品－废物（通过资源化、无害化）－再生资源－新产品”的多层次、立体性复合性生产模式，这种生产模式往往是一、二、三产业相互交织、融合在一起，形成结构复杂的产业网络。与传统农业的“单一性、直线性”相比，循环农业具有多层性、立体性、复合性和复杂性的结构特征，更有利于提高模式功能的效率。

3. 循环农业注重利用高新综合技术

循环农业运用综合技术的方式有利于发挥科技的整体优势。由于循环农业不只是由单一的产业或部门组成，循环农业的生产技术也不是单一的，而往往是由多项单一技术组成的复合性、综合性生产技术体系。当前，我国各地循环农业综合技术基本上都是由几种或多种单项技术组成的综合生产技术，如绿肥养地技术、秸秆还田技术、粪肥利用技术、垃圾再利用技术、污染防治技术、防灾减灾技术、环境整治技术、绿色覆盖技术、间混套作技术、复种轮作技术、生态养殖技术、产品加工技术等。

4. 循环农业注重提高全系统的生产效率

循环农业通过废物利用、要素耦合等方式与相关产业形成协同发展的产业网络。现代循环农业，不仅仅停留在第一产业系统的内部循环（单一系统内循环），而更多地表现为一、二产业之间，一、三产业之间，以及一、二、三产业之间的融合与循环。循环农业是种植业、养殖业、微生物产业之间的融合与良性循环，是产、供、销的一体化与高度融合。循环农业通过融合产业，实现了较高的资源利用率、能量转化率和物质转换率的目标。循环农业应用循环经济原理，规范发展模式，具备发展可持续性。循环农业运用循环原理、采用可循环的农业技术，注重农业生态环境的改善和农田生物多样性的保护，并将其作为农业持续稳定发展的基础。

5. 循环农业注重经济、社会与生态效益统一，倡导生态文明

循环农业是以生态农业模式的提升和整合为基础的农业发展模式，改善农业生态环境作用显著。循环农业在农村实现清洁型和节约型生活方式，倡导了现代生活文明，社会效益同样显著。循环农业节约资源，提高资源利用效率，在注重社会与生态效益的同时，也注重经济效益。循环农业模式越复杂、产业链条越长，产生的经济效益就越高。与传统农业发展模式相比，循环农业在经济上表现为明显的高效性。循环农业模式：

（1）节本增效

循环农业减少购买性资源投入，节约生产成本，提高了效益。

（2）加环增效

循环农业对同一资源的利用环节增多、利用链条延长，且往往是一物（资源）“多用”——多层利用、多次利用、多级利用，延长农业产业链，通过多种方式与相关产业形成协同发展的产业网络，经济效益自然就增加了。

（3）优质增效

采用循环农业生产技术——清洁生产技术，化学品投入减少，产品安全质量提高，在市场上更受消费者欢迎，价格要比普通农产品高。

同时，循环农业还可以通过运用科学管理提高整体功效。循环农业通过“企业＋基地＋农户”或农民专业协会等组织形式将分散农户集中管理，扩大生产规模，实行种养加一条龙的生产模式。应用系统工程学的基本原理，对循环农业系统进行分类（分门别类）、分区（生产区域）、分段（生产时序）的系统管理，可以显著提高循环农业系统的效益。

四、发展循环农业的意义

发展循环农业的意义主要体现在以下四个方面：

1. 提高农业资源利用效率

循环农业发展模式的实质是发展生态经济，使农业经济系统和谐纳入自然生态系统中，最大限度地提高自然资源利用率，缓解资

源供需矛盾，保证资源的永续利用，确保子孙后代的生存生活资源得以延续。农业是一个副产品多的行业，循环农业将原有的副产品进行有效开发，使农业产出价值得到极大提升，也大大提高了农业的比较效益。

2. 减少农业生产带来的各种污染

循环农业实施“资源－产品－再生资源”的模式，因此没有或很少有废弃物。这样不仅可以减少农业污染，还可以实现我国农业增长方式的根本转变和产业结构的调整，使农业向生态型转化，促进生态农业、绿色农业、观光农业、体验农业等新型农业的发展，实现现代农业功能转型。

3. 促进高新技术在农业领域的推广应用

循环农业模式可以尽可能减少外界的资源投入，特别是减少化学物品的投入，促进我国农业绿色技术支撑体系建立。采用清洁生产技术和无公害的新工艺、新技术生产出满足人们需要的绿色食品，提高农产品国际市场竞争力。

4. 提升农业产业化水平

实现产业之间、区域之间的资源优化配置，通过产业间的循环，延长农业产业链，可以增加就业机会，并增加农业附加值。

【案例】

低碳大循环助力绿色发展

近年来，江西宜春高安市探索发展循环农业，实施绿色种养循环农业项目，将水稻秸秆、牲畜粪便等腐熟还田，化废为肥、变肥为宝，并借助农业物联网技术，不仅解决因养殖造成的环境污染问题，还推进了农业、畜牧业的清洁绿色发展。

秸秆综合利用，助力生态低碳

高安市地处亚热带气候地区，大部分水稻都是双季稻。早稻成熟后，就要忙“双抢”，收割完后迅速种上晚稻。以前，每次收获之后，秸秆就成了累赘，除了烧掉似乎也没有别的出路。可是秸秆焚烧不仅气味呛鼻，浓烟还污染大气环境，影响其他作物生长。

2019 年 6 月，高安市开始试点推广农作物秸秆综合利用。此后，高安市共在 18 个粮食主产乡镇扶持建设 11 个秸秆收储中心，通过项目培育专业从事秸秆收储运的经营网点 300 多个，初步构建了相对完善的秸秆收储销售渠道。

秸秆还田的优势，在轮作生产的地方就更加明显了。冬天地不闲，晚稻收完没多久，又要忙着种油菜。江西省农业科学院土壤肥料与资源环境研究所的研究团队监测发现，秸秆还田，在生物腐熟剂的作用下，不仅增加土壤中的有机质，解决土壤板结问题，滋养土地，增加产量，还在一定程度上减少温室气体的排放。据统计，2022 年，高安市的秸秆综合利用率达到了 96.46%，几乎所有的秸秆都进入了生态低碳农业的绿色大循环。

推进种养循环，构建生态链条

江西瑞涌牧业公司是一家年出栏 4.5 万头生猪的生态型、专业化养殖基地。2017 年企业刚刚起步时，规模还小，年出栏生猪不过 1 万头。而养殖粪污一度成为企业发展解不开的难题。

为了解决粪污产生的环境污染问题，高安市于 2021 年启动绿色种养循环农业试点项目。高安市政府责成市农业农村局负责，遴选社会专业化服务组织，按照畜禽粪便无害化处理技术规范、畜禽粪便还田技术规范、绿色种养循环农业试点技术指导意见等技术要求，对各类养殖业产生的粪污收集、处理、施用提供全过程、专业化服务。养殖企业只需要将粪污拉到专业处理公司，就可以由公司将粪污变成堆沤肥，或者发酵出沼气、沼液等进行循环利用。

通过实施绿色种养循环农业项目，高安市畜禽粪污综合利用率达到 95% 以上，推进了畜牧业清洁、绿色、健康发展。

高安市的“海归”青年丁旦曾获“全国十佳农民”称号，既是 9450 亩土地的经营者，也是专业型“新农民”的代表，对生态农业发展理解更深。“绿色种养循环是推动农业绿色低碳发展的重要途径，通过畜禽废弃物资源化利用，持续改良土壤，减少温室气体的排放强度，提高土壤固碳增汇的能力。种地不能竭泽而渔，发展生态低碳农业才是真正放水养鱼。”丁旦说。

近两年，高安市完成绿色种养循环试点面积 21 万亩，减施化肥超过 1400 吨，增加土壤有机质 0.3 克 / 千克以上，作物同比增产 3.5%，畜禽粪污综合利用率达 95% 以上。

抢占生态高地，建设农业慧谷

在高安市大城镇，一个以“生态高地、农业慧谷”为主题，以农业物联网技术为核心，旨在发展生态农业、抢占生态高地的高端生态农业试验区项目正在持续推进。

在试验区大棚里参观体验的初中生李星安看到了一番奇妙光景：大棚中蔬菜生产槽整齐排布，槽中的水暗暗流动，水上漂浮着一片片带孔的泡沫板，孔中栽植着生菜、京水菜、紫包菜、冰菜等多种蔬菜。另外一边的蓝色养殖桶上，成簇的水花翻腾，密密麻麻的鱼儿在水中游弋。

“鱼菜共生项目是循环农业技术的经典应用案例，养殖桶里的水经过有效分解，成了种菜的好水。”项目负责人龚雨俊介绍，“种菜的水经过净化又可以回到养殖桶中，能节约 80% 的水资源消耗。我们做这个示范项目是为了向大家展示生态循环农业的更多可能。”

“种菜可真酷。”李星安一边吃用自己刚从园区里摘的蔬菜做成的沙拉，一边感叹。

在这个生态农业示范区里，农业示范园、油茶园、水旱轮作、大地景观等子项目覆盖面积共 1 万亩，并陆续实施标准化农田改造、高效节水示范、土地整治物理防治、坡耕地改造等系列项目，形成了以水肥一体化、离子传感为主的三个现代农业循环生产技术示范体系。

生态农业示范区，除了试验引导功能，正常情况下每年还接待游客 200 万人次，同时提供就业岗位 1 万多个，直接带动区域内 12 个自然村、1000 多名村民增收，辐射带动项目周边多个新型农业主体、农业合作社共同发展。

（来源：《人民日报》2023 年 02 月 08 日 14 版，有删减）

第三节 循环农业的原理

一、循环经济原理

循环经济是把资源合理开发利用、清洁生产、废弃物的综合利用融为一体的闭环经济系统。它借鉴自然生态系统的循环模式（“生产者、消费者、分解者”三大功能循环运行），在经济活动中建立“生产者——资源开采者、加工制造者，消费者——资源、产品和服务的消费群体，分解者——废弃物处理者”的产业经济链，将经济活动组织成一个“资源利用－清洁生产－资源再生－产品再生”接近封闭型物质循环的反馈式流程，保持经济生产低消耗、高质量、低废弃，或低开采、高利用、低排放，从而将经济活动对自然环境的影响破坏减少到最低程度。所有的物质和能量都能在这个系统不断进行的循环中得到合理和持久的利用。在区域发展与经济运行中，通过“生产者、消费者、分解者”三大功能实施综合协调、有机配置、流畅循环运行，形成一种高效率、省物料、满足需求、维系良性生态环境的区域经济发展模式，形成一个互利共生、生生不息、循环不断的循环经济系统网络。循环经济发展系统运行遵循“减量化（reduce）、再利用（reuse）、再循环（recycle）”的原则，即“3R”原则。“3R”原则的优先顺序是：减量化－再利用－再循环。

农业循环经济就是在农业生产系统的生产过程中遵循循环经济的“3R”原则，依靠高新技术，实行清洁化生产，实现农业资源集约化开发、闭环式循环利用，废弃物最大限度利用和最小排放，以及经济效益、生态效益、社会效益有效统一，促进农业经济可持续发展。因此，循环农业可以视为是农业循环经济的具体实践形式。循环经济、农业循环经济和循环农业最核心的共同点是资源循环利用、资源利用最大化、废弃物排放最小化。循环经济理论为循环农业发展提供了重要的理论基础。

二、循环农业的基本原则

发展循环农业应遵循的最基本的原则是减量化原则、再利用原

则、再循环原则，它们是发展循环农业应遵循的重点“行为准则”。

1. 减量化原则

目标是实现资源投入最小化，即在发展循环农业时，尽量减少进入生产过程的物质量，节约资源使用，减少污染物排放。如开始农业生产就要尽量减少农业系统外部购买生产资源（种子、化肥、农药、农膜等）的量，实现农业源头（即农业输入端，农业“产前”环节）资源和能源输入的减量化、最小化，以及输入技术的科学化、合理化。

2. 再利用原则

重点是实现废物利用最大化，提高产品和服务的利用效率。即对于农业生产过程（农业“产中”环节）残留、剩余的作物秸秆、畜禽粪便等农业的“副产品”“中间产品”等资源，要采取多层利用、多次利用、多级利用技术，通过延长产业链条，增加二、三产业，实现产业间的衔接、对接、配套、协调与融合，提高资源的利用率和产出率，要将这些资源“吃干榨尽”，使其所含的能量、物质得到最大限度的利用，以获得最大的生产效率和农业收益。

3. 再循环原则

目的是实现污染排放最小化，尽量让物品完成使用后能够重新成为自由往来的资源。就是在农业生产的最后一环节——“产后”环节，即农业生产的输出端，除生产出一定数量与质量的符合人民群众需求的农产品（农业“正产品”）之外，还或多或少地会产生人们不希望产生的农业“副产品”“废弃物”，如垃圾、农业“三废”（废气、废液、废渣）和各种污染物质等。对于这些“副产品”和“废弃物”，则要根据生态学上的能量流动、物质循环原理，通过生态系统的循环再生技术和资源化、无害化生产技术，实现“资源再生、废物再用，变废为宝、化害为利”，从而既避免或减少了废物、污染物给农业生态环境造成的危害，还增加了农业“正产品”的产出。显然，再循环原则，也可理解为资源化原则、无害化原则。

二、循环农业的基本原理

循环农业是经济高效、技术可行、环境友好、生态健康、产品安全、

社会接受的农业可持续发展模式。循环农业的基本原理可概括为以下几个方面：

1. 资源充分利用原理

农业生产的过程和产品在很大程度上由资源的种类、数量、质量等来决定。循环农业，就是通过充分利用土地、光、热、水、气等农业自然资源和社会经济资源，生产出各种农产品。循环农业强调节约、集约利用资源，强调节地（充分利用土地，一年多熟，间套复种）、节时（充分利用季节，不误农时）、节水（节水农业，节水灌溉，节水型耕作制度）、节肥（重视有机肥施用，合理施肥，测土配方施肥）、节药（少用或不用农药，绿色防控，生态减灾）、节能（少耕、免耕，保护性耕作，节电、节油、节煤、节柴）等。充分利用资源，提高资源利用率、生产率，是发展循环农业的基本要求。

2. 能量高效转化原理

农业生产的过程，就是一个能量转化的过程。循环农业生产系统，既要依靠自然能源（主要是太阳能），还要依靠人工投入，特别是循环农业系统打破了自然生态系统能量转化的“十分之一定律”的限制，在技术上着力提高农业各个循环环节的能量转化率，减少无效能耗，从而达到能量高效转化的目的和效果。这是发展循环农业的关键。为提高循环农业的能量转化率，一是要提高资源利用率，尤其要提高光能利用率，增加光合面积，延长光合时间，提高光合效率；二是要减少无效能耗，尤其要减少“农耗”时间，减少水土流失，提高肥料利用率等；三是推广节能技术等。

3. 物质循环再生原理

物质循环是生态系统基本功能之一。物质循环再生是循环农业系统的重要功能，也是循环农业高效的重要原因。实际上，农业系统的物质循环是不完全循环，核心是提高物质利用效率，减少物质无效输出或有害输出。发展循环农业，必须研究循环农业物质输入的科学性、精确性，研究循环农业生态安全的关键控制技术，实现资源减量化输入及有毒有害物质的无害化处理和输出。通过研发循环农业从种植 – 养殖 – 加工等不同产业环节的物质高效利用和循环再生新技术，

实现循环农业的高效化、无害化。为提高循环农业的资源利用效率和生态经济效益，通常需要延长产业链条，将种－养－加、产－供－销等组成产业链网结构，实行循环农业的产业化经营。为提高循环农业系统的整体效益，不同产业（一、二、三产业）间必须高度协调融合。一般而言，产业链条越长，产业链网越复杂、周密，其系统功能就越多，产生的效益就越大。此外，为实现循环农业的可持续发展，在循环农业技术上，要开发产业加环、产业链接、防止二次排放等关键技术，构建适度多级、多层次的物质循环利用体系。

4. 生物环境相互适应原理

自然界生物与环境之间，存在相互适应、相互影响和相互作用的关系。一方面，生物先必须适应周边生态环境，之后，生物也会慢慢地、逐步地改造、影响其周边生态环境；另一方面，环境会对生物的居住、栖息、繁殖、行为等产生影响，同时，环境也会因为有这种或那种生物的存在，而发生一定的“变化”或“演替”。循环农业系统的生物与环境同样具有这种相互适应、相互作用的关系。一方面，为提高循环农业系统的生产效率，必须选择“高效”的生物物种；另一方面，为使这种高效生物物种真正发挥“高效”性能，还必须改变、优化循环农业系统的环境，使其有利于这种高效生物物种的生存、生活、生产、繁殖和发展，从而实现循环农业真正的高效。

自然界生物与生物之间，同样存在相互作用的关系。一方面，一些生物物种之间存在着相互依存、相互促进的关系；另一方面，某些生物物种之间，又存在着相互影响、相互制约的关系。在生产实践上，循环农业系统通过充分利用生物间相生相克的关系达到高产增收的目的。为了提高循环农业种植业系统的生产力，常将禾本科作物玉米与豆科作物大豆、绿豆等组成间作复合系统。由于禾本科作物（玉米）与豆科作物（大豆、绿豆等）二者之间存在相互促进的关系，豆科作物可进行生物固氮，增加土壤中氮素营养；禾本科作物植株高大、根系深扎，可为豆科作物遮阴、松土，二者相互促进，从而提高种植业系统的生产力。为防治农田作物病、虫、草害，必须利用生物物种之间的相克关系。如在蔬菜或棉田间种大蒜、葱、

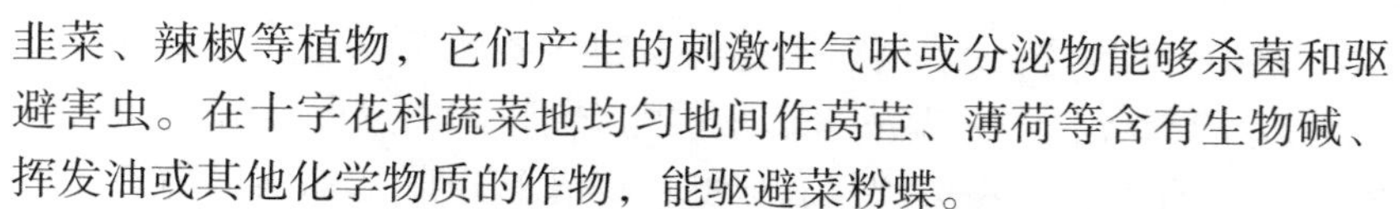

韭菜、辣椒等植物，它们产生的刺激性气味或分泌物能够杀菌和驱避害虫。在十字花科蔬菜地均匀地间作莴苣、薄荷等含有生物碱、挥发油或其他化学物质的作物，能驱避菜粉蝶。

农业生产受自然环境和光、温、水条件影响较大。循环农业生产要取得成功，要获得高产、高效，就必须适应自然环境、顺应自然条件，根据当地、当时（当季）的自然条件和社会经济状况，选择作物种植、动物（畜禽）饲养和产品加工。在生产实践上，要真正做到因地制宜发展循环农业，还必须在充分了解、考察、调研的基础上，有针对性地制订切实可行的循环农业发展规划和发展方案，并采取相应的技术措施，包括农耕农艺措施、农业机械化措施及“废物”的资源化、无害化处理利用措施等。

5．生态经济协调原理

循环农业系统是典型的生态经济系统，其产业目标是既要获得生产力和经济效益，又要维护环境安全。然而，在特定条件下，农业的经济功能和生态功能往往处于矛盾之中。循环农业要获得经济高效、技术可行、生态安全、环境友好、社会接受，必须协调好经济与生态之间的关系。这要求在循环农业的生产实践中，必须按照生态经济协调原理设计循环农业产业体系，既要获得合理的生产力，又要将其建立在资源环境可承受范围之内。

6．可持续发展原理

可持续发展，简单地说，就是指既满足当代人的需求，又不损害后代人满足其需求的能力的发展。这种发展，实质是科学发展、清洁发展、安全发展、绿色发展。其不仅讲求发展的数量（速度、规模），更强调发展的质量（效益、时间长久性）。发展循环农业要控制生产过程和产品加工过程，要严格按标准、程序进行生产，实行生产过程清洁化、生产工艺规范化；要控制废物、污染物排放，既要限制排放量，又要对要排放的有毒有害物质进行资源化、无害化处理和再利用，做到“化害为利”“化毒（有毒排放物）为零（毒性消解为无毒）”“变废为宝”，真正实现循环农业系统循环的“零排放”“零污染”。

循环农业以可持续发展为出发点和落脚点，始终追求可持续发

展，着力实现可持续发展。循环农业讲求资源节约、环境友好、技术可行、产业融合、产品安全、社会接受，强调通过再利用、再循环，实现资源再生、废物再用，并以此不断化解风险、消除环境污染、避免生态危机，从而最终实现农业可持续发展。这就是循环农业可持续发展的原因。

【种养小课堂】

全国生态循环农业发展政策（部分）

2015 年中央 1 号文件明确指出“开展秸秆、畜禽粪便资源化利用和农田残膜回收区域性示范”“加大对生猪、奶牛、肉牛、肉羊标准化规模养殖场（小区）建设支持力度”。

2015 年 5 月，《全国农业可持续发展规划（2015—2030 年）》提出，优化调整种养业结构，促进种养循环、农牧结合、农林结合；开展粮改饲和种养结合型循环农业试点；因地制宜推广节水、节肥、节药等节约型农业技术，以及“稻鱼共生”“猪沼果”、林下经济等生态循环农业模式。

2016 年 9 月，《农业综合开发区域生态循环农业项目指引（2017—2020 年）》提出，2017—2020 年建设区域生态循环农业项目 300 个左右，积极推动资源节约型、环境友好型和生态保育型农业发展，提升农产品质量安全水平、标准化生产水平和农业可持续发展水平。

2017 年 10 月，《关于创新体制机制推进农业绿色发展的意见》指出，探索区域农业循环利用机制，实施粮经饲统筹、种养加结合、农林牧渔融合循环发展。

2018 年 10 月，《乡村振兴战略规划（2018—2022 年）》指出，加快发展粮经饲统筹、种养加一体、农牧渔结合的现代农业，促进农业结构不断优化升级。

2019 年中央 1 号文件指出，要发展生态循环农业，推进畜禽粪污、秸秆、农膜等农业废弃物资源化利用，实现畜牧养殖大县粪污资源化利用整县治理全覆盖。

2020 年 3 月，《2020 年农业农村绿色发展工作要点》指出，健

全畜禽粪污处理利用标准体系，鼓励发展收贮运社会化服务组织，探索粪肥运输、施用引导激励政策。持续推进秸秆综合利用，建设一批全域全量利用重点县。

2021 年 4 月，《关于开展绿色种养循环试点工作的通知》指出，支持开展绿色种养循环农业试点工作，加快畜禽粪污资源化利用，打通种养循环堵点，促进粪肥还田，推动农业绿色高质量发展。

2021 年 8 月，《规范畜禽粪污处理降低养分损失技术指导意见》指出，规范畜禽粪污处理，降低养分损失，促进种养循环，协同推进氨气等臭气减排，降低粪污处理环节温室气体排放，提升畜禽粪污资源化利用水平，为畜牧业绿色循环低碳发展提供技术支持。

【思考与探究】

谈一谈发展循环农业的意义及基本原理

【诗意田园】

清平乐·村居

【宋】辛弃疾

茅檐低小，溪上青青草。
醉里吴音相媚好，白发谁家翁媪？
大儿锄豆溪东，中儿正织鸡笼。
最喜小儿无赖，溪头卧剥莲蓬。

第三章 关键技术

【学习目标】

知识与能力目标

掌握农村废弃物的分类和处理方法；

学习农作物秸秆的综合利用；

学会畜禽粪便的处理；

掌握农村生活污水的处理方法。

（图片来源：https://baijiahao.baidu.com/s?id=1612926564420135310）

素质目标

强化技术支撑，完善田间废弃物加工利用链，就地就近消纳，减少环境污染，进一步夯实绿色循环农业技术体系。

【思政目标】

用先进的科学技术和生产手段装备农业，用现代的科学方法管理农业，实现农业可持续发展。为发展生态循环提供持久动力，推进现代农业建设。

第一节 农村废弃物概述

我国的固体废弃物产生量较多，据估计全国每年由各类经济活动和生活等产生的固体废弃物近 1.2×10^{10} 吨，其中农村废弃物的年

产生量超过 5.3×10^9 吨。大量的农村生活垃圾无序堆放、农业废弃物和林业剩余物就地焚烧以及畜禽粪便随意排放，造成了严重的大气污染和水土污染，严重影响了农业生态和人居环境，同时对资源造成了极大的浪费。如果按照减量化、再利用、资源化的原则，加快建立循环型农业体系，对农村废弃物进行分类资源化利用，提高资源利用效率，能带来较好的环境、经济和社会效益。

一、废弃物的分类

农村废弃物按照其来源主要分为四类：农村生活垃圾、农业废弃物、林业废弃物、畜禽粪便（表 3–1）。

表 3–1　农村废弃物按来源分类

名称	类别
农村生活垃圾	厨余垃圾、生活污水、人粪尿、废旧塑料、废纸和灰渣等
农业废弃物	农作物秸秆、废弃农膜、农药包装物和农产品加工剩余物等
林业废弃物	森林采伐、木材加工剩余物和育林剪枝等
畜禽粪便	猪、牛、羊、鸡、鸭等畜禽排泄的粪、尿及其与垫料的混合物

农村废弃物对环境的影响及危害主要有秸秆焚烧、畜禽粪便随意排放及农村生活垃圾的乱堆乱放等。秸秆焚烧行为在我国每年秋冬季交替时节尤为突出，已成为“雾霾元凶”之一，并且屡禁不止；畜禽粪便的污染会导致水质恶化，湖泊水库出现富营养化，土壤重金属严重集聚超标、出现板结盐碱化，畜禽病原微生物和寄生虫病严重威胁人类健康；农村的生活垃圾由于缺乏专门有效的垃圾处理设施和运行管理机制，多被随意堆放、就地焚烧，多数农村生活垃圾问题仍未能够得到有效解决。随着农村生活水平的提高，食品袋、塑料袋、农膜、化肥袋等不可降解的物质逐步累积，对农村生态环境造成了严重威胁。

二、废弃物的分布

农村废弃物的产生量还没有实际统计数据，通常是根据各类废弃物的排放特性估算获得。农村生活垃圾根据农村人口与人均排放量估计，农业废弃物根据农产品产量与草谷比估计，林业废弃物根据国家批准的采伐限额估计，畜禽粪便根据畜禽存栏量与日排粪便量估计。有关结果表明，1995–2015 年，我国农村生活垃圾年产生

量从 1.35×10^8 吨减少到 0.95×10^8 吨左右，按热值 4000 千焦 / 千克估算，2015 年的资源量约为 1.3×10^7 吨标煤。随着我国农业生产水平的提高，农作物秸秆总产量呈增长趋势，2015 年全国各类农业废弃物产生量达到 9.94×10^8 吨，其中大宗作物秸秆，如玉米、水稻和小麦等粮食作物的秸秆占 73.2%，属我国主要作物秸秆类型，按各类作物秸秆热值折算标准煤，2015 年总量约为 4.74×10^8 吨标煤。林业废弃物 1995—2015 年基本保持稳定，采伐、加工剩余物合计为 $0.72\times10^8\sim0.86\times10^8$ 吨，每年产生薪柴 0.5×10^8 吨左右，2015 年的产生量为 1.38×10^8 吨，折合 7.88×10^7 标煤。2015 年畜禽粪便排放量达到 4.1×10^9 吨，折合 4.21×10^8 吨标煤，其中猪、牛、羊和家禽分别占 43.6%、41.0%、6.6% 和 6.8%。综合上述，2015 年我国农村产生废弃物总量达 5.33×10^9 吨，折合 9.87×10^8 吨标煤（图 3–1）。

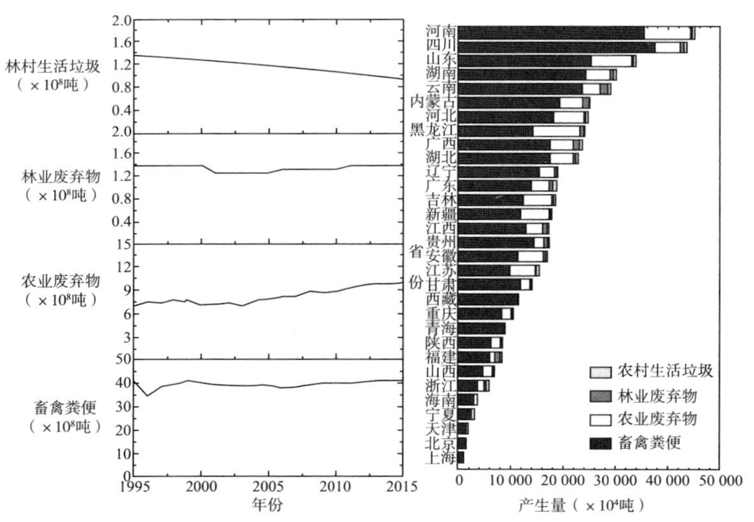

图 3–1　我国四类农村废弃物产生量（左）及地区分布特征（右）

从地区分布来看，2015 年农村废弃物总产生量最多的省份为河南和四川，分别达到 4.51×10^8 吨和 4.38×10^9 吨。四类农村废弃物产生量多的省份及 2015 年产生量：农村生活垃圾产生量多的为广东省，达到 7.27×10^6 吨；农业废弃物产生量多的为河南省和黑龙江省，分别达到 8.61×10^7 吨和 8.55×10^7 吨；林业废弃物产生量多的

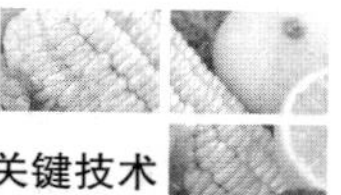

为云南省和广西壮族自治区，分别达到 1.56×10^7 吨和 1.37×10^7 吨；畜禽粪便产生量多的为四川省和河南省，分别达到 3.76×10^8 吨和 3.56×10^8 吨（图 3–1）。

三、废弃物的处置

农村生活垃圾可分为干垃圾和湿垃圾（有机成分）两大类，这种分类方式也有助于提升公众参与垃圾分类的积极性。据调查，在政府或村委提供分类垃圾桶的前提下，浙江省桐庐县横村镇阳山畈村 98.9% 的人愿意开展垃圾分类收集。同时，加强宣传和培训等措施也有利于提高村民正确分类意识。分类收集之后有机成分，可与农林业中产生的有机废弃物（如秸秆、谷壳、菌渣、畜禽粪便、木屑、枯枝落叶等）一并采用就地资源化堆肥方式进行处置，产生的有机肥可就地在农田或果园中使用。据阳山畈村调查，94.6% 的人愿意接受废弃物资源化产生的有机肥料。对于资源化堆肥处理后过筛的筛上物和其他固体废弃物（干垃圾），可采用“村收 – 镇运 – 县（市）处理”的模式，一并运输至县城焚烧（填埋）处置（图 3–2）。

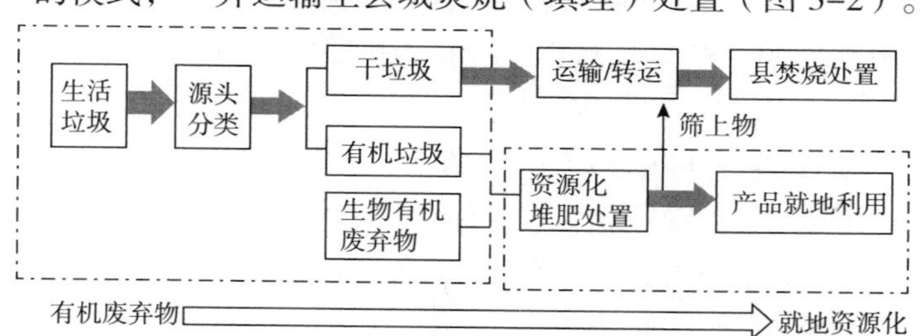

图 3–2　农村废弃物资源化管理模式

第二节　农作物秸秆综合利用

农作物秸秆在循环农业系统中是一种宝贵的生物质资源，农作物秸秆资源的综合利用对于促进农民增收、环境保护和资源节约以及循环农业经济可持续发展具有重大意义。目前，我国秸秆主要用于直接燃烧或焚烧废弃，秸秆利用率较低，资源浪费严重，有可能破坏生态平衡，还可能严重影响飞机的正常起降或造成汽车行驶安全性等问题，并频繁导致火灾事故，已引起了政府的高度重视。国

务院办公厅下发了《关于加快推进农作物秸秆综合利用的意见》，国家发展和改革委员会、农业部联合下发了《关于印发编制秸秆综合利用规划的指导意见的通知》。本节着重讲解农作物秸秆直接还田、肥料化、饲料化、生物炭、食用菌基质及秸秆的其他用途。

一、秸秆直接还田

作物秸秆是循环农业的重要肥料来源。秸秆以直接还田的方式可将氮、磷、钾及微量元素归还土壤，供农作物吸收利用。秸秆还田可补充和平衡土壤养分，能有效增加土壤有机质含量，是改良土壤结构的有效方法之一，也是高产田建设的重要举措。秸秆还田不仅有利于农作物增产增收，而且有利于培肥地力、净化农村环境，具有良好的生态效应。

秸秆粉碎还田机集粉碎灭茬与旋耕作业功能于一体，该方式对于改善土壤的团粒结构和理化性能，加速秸秆在土壤中的腐解，提高土壤肥力具有促进作用。秸秆直接还田既快捷又省工。目前，已开发应用和正在开发的联合作业机模式：秸秆还田 + 旋耕、秸秆粉碎 + 根茬破茬机、联合收获机 + 切碎还田装置、秸秆还田 + 深松等。

1. 秸秆粉碎掩埋复式作业机

江苏大学毛罕平等以粉碎刀辊、旋耕覆盖工作部件及两个部件的耦合试验研究为基础，在得到了合理工作参数后，研制出了一种新型的秸秆粉碎掩埋复式作业机（图 3–3）。

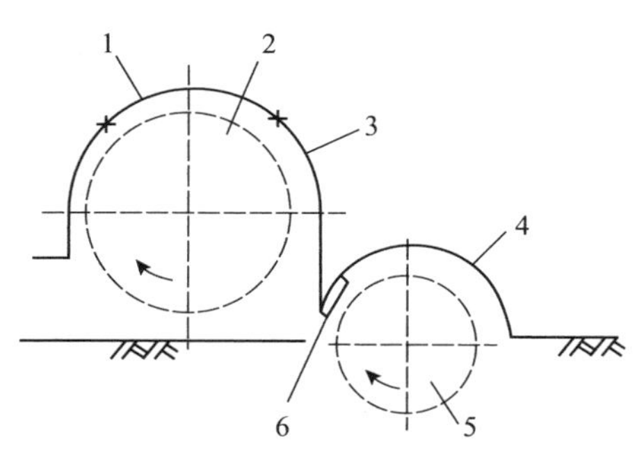

1. 活动罩壳 2. 粉碎刀辊 3. 粉碎部件罩壳
4. 旋耕部件罩壳 5. 旋耕刀辊 6. 定刀
图 3–3 JHF–130 秸秆粉碎掩埋复式作业机示意图

该复式作业机由卧式甩刀粉碎部件、潜土逆转旋耕覆盖部件、开道犁三部分组成，有以下特点：

①一机多用，所研制的机具能同时进行秸秆粉碎、根茬破碎、耕翻覆盖。

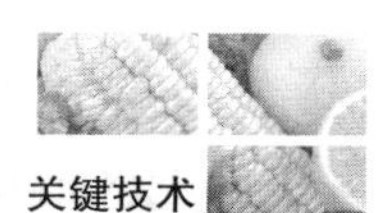

②机具覆盖部件可一次作业达到耕作要求，即耕后地表在 0 ～ 7 厘米范围内是细土层，土壤上细下粗，秸秆被掩埋入土，后续作业只需稍加平整，即可播种。该复式作业机能完成秸秆粉碎、除茬、旋耕覆盖、碎土等多道工序，工效较普通秸秆还田机提高 1 倍，机械投资少，生产成本低。

2. 秸秆－根茬粉碎还田联合作业机

将秸秆与根茬粉碎还田联合处理是农业生产提出的新农艺要求。为了保证播种作业顺利进行，以及作物秸秆、根茬能够自然腐烂，农艺上要求粉碎后长度小于或等于 10 厘米的秸秆应在 85% 以上。为此，吉林大学贾洪雷等根据当前在农业生产中广泛使用的秸秆粉碎还田机和碎茬机，设计了一种秸秆－根茬粉碎还田联合作业机（图 3–4）。该联合作业机采用秸秆粉碎还田机与碎茬机合二为一的结构，前后两个机架分别安装还田刀辊和碎茬刀辊，机架之间用螺栓固定联结，拖拉机的动力经万向节传入变速箱，换向后经胶带分别带动两个刀辊工作。

因该机采用了分置式结构，既可联合作业，又可通过简单的拆分和少量改装，分解成独立的秸秆粉碎还田机和碎茬机，与拖拉机配套，单独完成秸秆粉碎还田作业和碎茬作业，做到了一机三用。该联合作业机碎茬刀辊、刀片部件与耕整联合机通用，不仅可以在平作地作业，而且可满足垄作地的特殊农艺要求，适用范围广，通用性好。

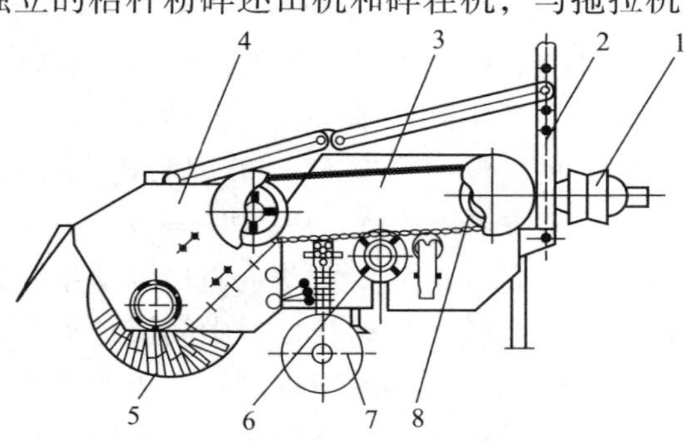

1. 带轮 2. 地轮 3. 还田刀辊 4. 碎茬刀辊
5. 碎茬机架 6. 还田机架 7. 悬挂机 8. 万向节

图 3–4　秸秆－根茬粉碎还田联合作业机结构示意图

3. 秸秆梳压耕翻复式作业机

随着秸秆整株深埋还田技术的需求，河北省农业机械化研究所研制出了与该项农艺技术相结合的秸秆梳压耕翻复式作业机（图

3–5）。该复式作业机组由与四轮拖拉机配套的 1LF230 覆盖型深耕犁和秸秆定向压倒扶顺装置组成。作业机组一次进地可同时完成秸秆定向压倒扶顺和整株深埋还田两项作业。试验结果表明，经该秸秆还田联合机作业后，作业地秸秆一年的腐解率可达 90% 以上，土壤有机质年均增加 0.11%。整株还田耕深 20 厘米，在土壤 8 厘米深度以下秸秆覆盖率达 95% 以上，能够保证冬小麦播种质量，产量提高 3.8%。秸秆梳压耕翻复式作业机具有省工、省力、节能、增产、增收的良好效果。

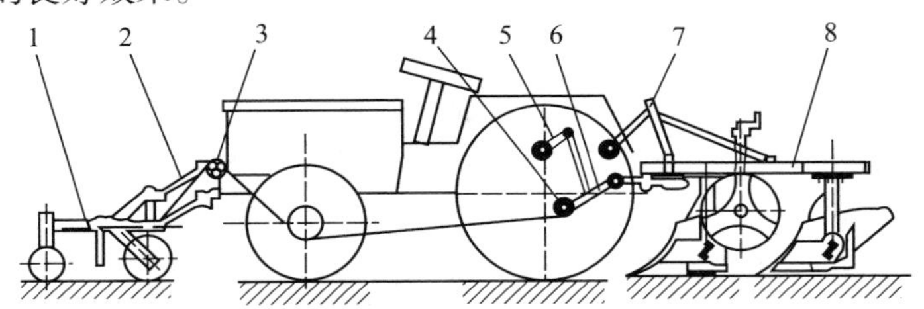

1. 秸秆梳压装置 2. 平行四杆机构 3. 前滑轮 4. 后滑轮 5. 提升臂 6. 下拉杆 7. 上拉杆 8.1LF230 覆盖型深耕犁

图 3–5 玉米秸秆梳压耕翻复式作业机示意图

4. 船式旋耕埋草机

针对我国南方多熟制稻作区秸秆难以用人畜力及常规机械埋覆还田的生产实际，华中农业大学许绮川等以船式拖拉机（机耕船）为动力机，设计了 1GMC–70 型船式旋耕埋草机（图 3–6）。船式旋耕埋草机主要由船体、发动机、行走叶轮、传动系统、悬挂提升装置、刀辊、罩壳等组成。发动机通过传动系统带动行走叶轮回转；接合位于船尾主轴上的离合器，中间链传动将动力传递给侧边传动箱，使悬挂于船体后部的刀辊同转。当船体前进时，船底板将残留于田间的秸秆沿前进方向推倒压伏。船尾刀辊回转，刀辊对土壤和秸秆进行适度切割、糅合、翻覆，实现秸秆埋覆还田。置于刀辊罩壳尾部的拖板，在张紧弹簧的作用下，对耕后地表进行拖压、整平。该机集压秆、旋耕、埋秆、碎土、平地功能于一体，可将一定高度的稻秆、麦秆、油菜秆、绿肥、杂草等一次性直接埋覆还田，广泛适用于收获后残留高茬的水田旋耕埋秆作业。

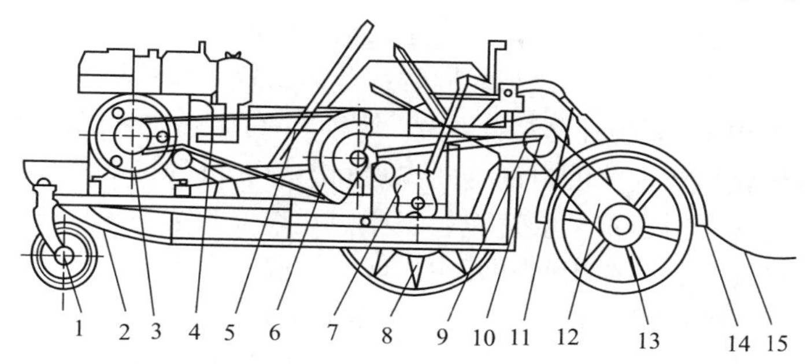

1. 行走导向轮 2. 船体 3. 发动机 4. 胶带 5. 操纵杆 6. 从动带轮
7. 中间链传动 8. 行走叶轮 9. 离合手柄 10. 主轴 11. 悬挂提升装置
12. 侧边转动箱 13. 刀辊 14. 机壳 15. 拖板

图 3-6　1GMC-70 型船式旋耕埋草机结构示意图

试验表明，该船式旋耕埋草机平均耕深为 117 毫米，秸秆覆盖率 95.6%，生产率 0.13 ～ 0.17 公顷 / 时，适用于泥脚深度 350 毫米以下、秸秆高度 700 毫米以下的水田耕整作业要求。

5. 稻麦联合收获开沟埋草多功能一体机

针对我国稻麦两熟地区的墒沟埋草处理田间秸秆法，南京农业大学丁为民等设计了一种集稻麦收获、开沟、埋草等功能于一体的复式作业机械（图 3-7）。

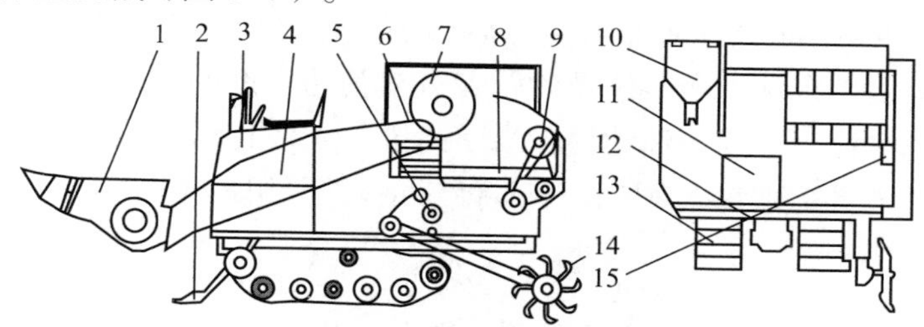

1. 割台 2. 二次切割器 3. 操作台 4. 输送槽 5. 清选风扇 6. 凹板筛
7. 脱粒滚筒 8. 清选筛 9. 后风机 10. 粮箱 11. 发动机
12. 变速器总成 13. 履带行走装置 14. 开沟总成 15. 排草口

图 3-7　稻麦联合收获开沟埋草多功能一体机结构示意图

该机采用联合作业方式，一次作业可完成联合收获、开沟、埋草等作业。稻麦联合收获开沟埋草多功能一体机主要由割台、输送槽、脱粒清选装置、履带行走装置及开沟、导草装置等组成。作业时，

收获部件一边收割、脱粒，一边完成秸秆的向后输送，并将秸秆从出草口经导草装置排出；与此同时，开沟装置对收获后的土壤进行开沟，墒沟的位置与导草装置对齐，使排草口排出的秸秆落入沟内，达到机械化墒沟埋草的目的。两沟之间的田面可种植下茬作物，待下茬作物收获时，重复上述作业工序，开沟位置按一定规律排列。这样经过几年，整个田间被开沟、埋草一遍，相当于进行了一次机械耕翻，达到秸秆还田与少耕、轮耕结合的作业效果。

田间试验表明，该机传动合理、工作可靠、开沟作业质量稳定，梯形沟上、下口宽分别约为220毫米和160毫米，平均深度为193毫米，满足农艺埋草、排水的要求。多功能一体机是在现有的全喂入式联合收获机上加装开沟导（埋）草装置，在联合收获的同时，完成机械化墒沟埋草。无论是联合收获，还是开沟埋草，都具有成熟的技术，因此本机设计的关键是集成配套，将各部分成熟的技术和工作部件集成、组合起来，使联合收获与开沟作业动力匹配、速度同步、动作协调平衡，不相互干涉和影响。

6. 快速腐熟秸秆还田联合作业机

针对传统还田机作业后秸秆腐熟慢的问题，采用腐熟剂喷施与机械粉碎相结合的还田原理，设计了快速腐熟秸秆还田联合作业机。腐熟剂可采用泰谷生物秸秆腐熟剂（粉剂），有效活菌≥0.5亿/克；也可采用广东佛山金葵子植物营养有限公司生产的腐秆剂，该腐秆剂适合水稻、小麦、油菜、玉米、高粱等农作物秸秆。该作业机主要由腐熟剂喷施系统、秸秆粉碎系统两大部分组成（图3-8）。

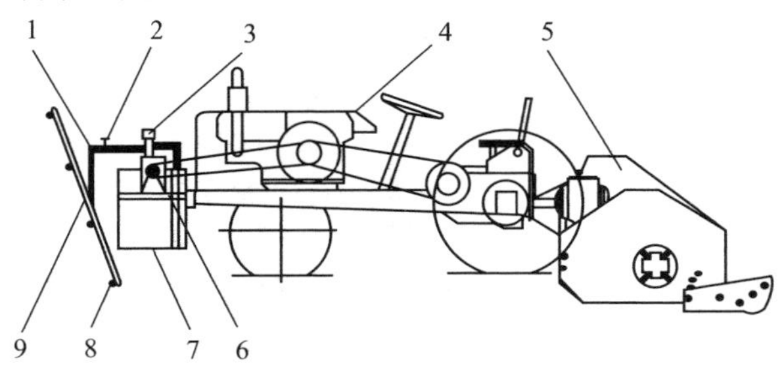

1. 喷药管道 2. 调节阀 3. 逆止回流阀 4. 拖拉机
5. 秸秆还田机 6. 自吸泵 7. 药箱 8. 喷头 9. 喷杆

图3-8 快速腐熟秸秆还田联合作业机结构示意图

腐熟剂喷施系统采用前置安装方式，主要由药箱、白吸泵、喷药管道、喷头、逆止回流阀、喷杆和调节阀等组成，系统动力由飞轮通过胶带与泵轮连接输入。秸秆粉碎系统由秸秆还田机组成，采用后置安装方式，与拖拉机三点悬挂机构相连接，由拖拉机动力输出轴驱动。根据不同的秸秆及作业要求，可更换不同类型刀具。

该联合作业机在田间作业时，打开调节阀，腐熟剂喷施系统开始工作，装在药箱里的腐熟剂（通常为微生物制剂）在自吸泵的作用下由喷头喷洒至留茬秸秆上，随后秸秆粉碎系统对喷施了腐熟剂的谷物秸秆进行粉碎还田，完成联合作业。腐熟剂喷施与机械粉碎两者优势互补，达到快速腐熟还田的目的。两种作业方式还可根据田间作业需要自由切换，进行喷药或秸秆粉碎单独作业。

经田间试验表明，秸秆粉碎与喷施腐熟剂相结合的作业方式能更好地促进秸秆的快速腐熟，7 个月后秸秆还田的腐熟率为 97.2%，比单一机械粉碎方式高 17.1%。能够更好地促进作物生长，腐熟还田后的地块小麦出苗率及后期长势良好，产量比单一机械粉碎方式高 16.5%。

该联合作业机与前面的研发作业机相比结构简单，是在已有的普通秸秆还田机具的基础上进行改进，成本低，秸秆腐熟还田快，便于机具推广；且该作业机整机尺寸较小，适宜于较小面积的耕地作业，符合我国农村农田作业的实际需求。

7. 秸秆还田联合作业机存在的问题和发展方向

秸秆还田联合作业机存在一些问题：一是联合机组配套动力大。多功能大型秸秆还田联合作业机具是农业机械化发展的必然趋势，但机组动力需求大且一次性投入成本高，这样显著增加了农民的负担，在一定程度上影响了农业机械的推广与发展。二是作业机秸秆还田效率低，耽误农时。目前，已有的秸秆还田联合作业机虽在秸秆的粉碎、翻埋等作业中均符合农艺要求，但作物秸秆腐熟还田效率低，影响农时，限制了人们对机械化秸秆还田技术及其配套机具的应用研究。三是机具繁杂。目前，所拥有的秸秆还田联合作业机的开发虽种类、数量众多，但基本上仅限于机械机构上的改进，性

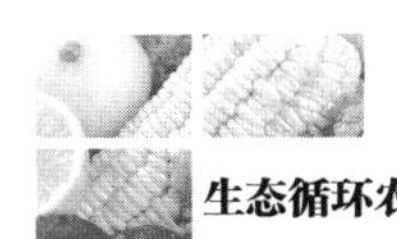

能高的机具较少，以降低功耗、提高作物秸秆腐熟还田效率的联合作业机研究相对较少。

随着现代农业的不断发展，联合收割机附带秸秆切碎装置能使作物收获和秸秆还田有机结合，使作业成本下降，且灵活方便，适宜于大面积耕地作业，是最有前途的秸秆还田发展方向之一。国内许多企业都在积极开发生产，如已生产出配套新疆 –2 型联合收割机的秸秆切碎装置；另外，农艺、生物技术与农机相结合也是秸秆还田联合作业机发展的必由之路。秸秆还田机械化能够改变秸秆的物理性状，促进秸秆腐解，腐熟剂中微生物将进一步加速秸秆的腐熟，研制加快秸秆腐解速率的秸秆还田机有着重要的意义。因此，未来秸秆还田联合作业机的发展应重视农机与农艺结合研究，考虑应用生物腐熟菌剂喷施与机械化秸秆还田作业相配合发展。

二、秸秆肥料化

农作物光合作用的产物有一半以上存在于秸秆中，秸秆还富含氮、磷、钾、钙、镁和有机质等，是一种具有多用途的可再生的生物资源。秸秆肥料化生产是控制一定的条件，通过一定的技术手段，在工厂中实现秸秆腐烂分解和稳定，最终将其转化为商品肥料的一种生产方式，其产品一般主要包括精制有机肥和有机 – 无机复混肥两种产品。

利用秸秆等农业有机原料进行肥料化生产的产品可以改善土壤环境，尤其是土壤中各种微生物的组成和数量。众所周知，土壤微生物（细菌、真菌和放线菌）通过自身的生理作用对土壤中的各种元素进行转化和利用，进而使之被植物吸收利用，因此土壤微生物的种类和数量也是评判土壤肥力的指标之一。土壤中有机质的含量和成分是影响微生物数量和种类的主要因素，在农业生产中施用适量的有机肥或者有机无机复合肥可有效增加微生物数量和种类，并提高肥料利用率。此外，农作物产品的品质和产量也会因施用秸秆肥料化生产的有机肥或有机 – 无机复混肥而提高。

作物秸秆本身养分不均衡、含量偏低且不易腐熟，常常需配合

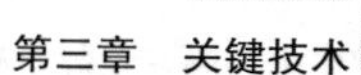

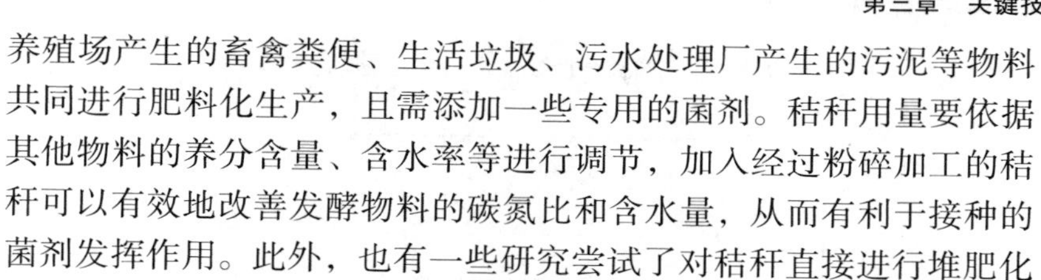

养殖场产生的畜禽粪便、生活垃圾、污水处理厂产生的污泥等物料共同进行肥料化生产，且需添加一些专用的菌剂。秸秆用量要依据其他物料的养分含量、含水率等进行调节，加入经过粉碎加工的秸秆可以有效地改善发酵物料的碳氮比和含水量，从而有利于接种的菌剂发挥作用。此外，也有一些研究尝试了对秸秆直接进行堆肥化生产，但工业化生产还未见诸报道。

精制有机肥一般由农作物秸秆或禽畜粪便经腐熟、发酵、灭菌、混拌、粉碎等工艺加工而成，其原料也可为其他农业废弃物，其主要功能成分有机物的含量多在50%以上，主要用于有机食品和绿色食品生产。有机—无机复混肥则是在生产无机复混肥料过程中，加入一定量有机肥料，其产品中既含有大量元素，又含有有机质。

1．秸秆有机肥生产的基本工艺

秸秆和畜禽粪便等混合而成的物料经过堆肥化处理以形成精制有机肥，生产过程主要包括原料粉碎混合、一次发酵、陈化（二次发酵）、粉碎和筛分包装等几个部分。精制有机肥现执行农业行业标准《有机肥料》（NY525-2012）。

精制有机肥的生产方法主要有条垛式堆肥、槽式堆肥和反应器式堆肥等几种形式，它们各有优缺点，需要根据企业当地的具体情况加以选择，但它们的生产工艺流程大致相同（图3-9）。秸秆一般不直接作为原料进行快速堆肥，而是首先进行粉碎处理，前人的试验研究和实践结果显示秸秆粉碎到1厘米左右是最适合进行堆肥的。粉碎好的秸秆和畜禽粪便等其他物料进行混合，其主要目的是调节原料的碳氮比为（25～30）：1及含水率为50%～55%，使之适合接种菌剂中的微生物并使微生物迅速繁殖、发挥作用。据测算，一般猪粪和麦秸粉的调制比例10：3左右、牛粪和麦秸粉的调制比例3：2左右、酒糟与麦秸粉调制比例2：1（还需要调节含水率）是较为合适的，但生产上对用料的配比需依物料实际情况再调整。

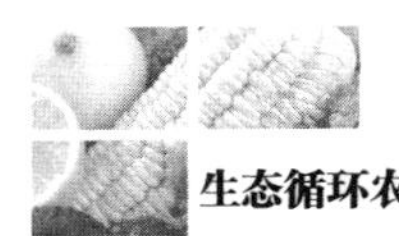

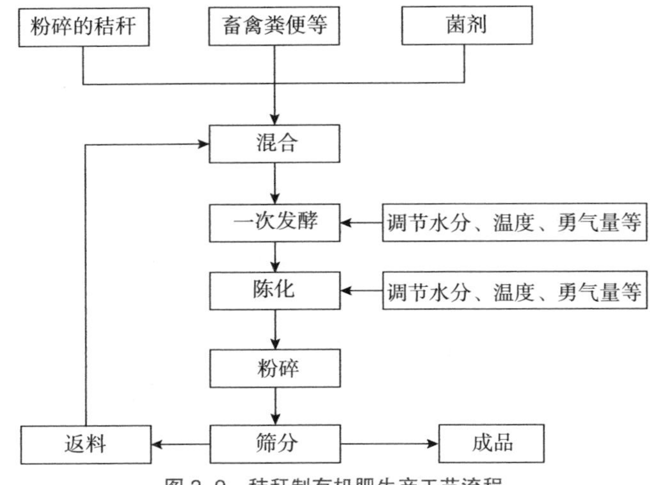

图 3-9　秸秆制有机肥生产工艺流程

2. 条垛式和槽式秸秆堆肥发酵工艺

条垛式和槽式秸秆堆肥一次发酵（历时约 10 天）是整个流程的关键所在，其成功与否直接决定产品质量的优劣。因此，需要在该过程中实时监测物料的温度、含水率、通气量等指标，以便有效控制堆肥进程和产品质量。该过程通常需要及时翻堆操作，其次数在 4 ～ 5 次。且翻堆处理要掌握“时到不等温，温到不等时”原则，即隔天翻堆时即使温度未达到限制的 65℃也要及时进行，或者只要温度达到 65℃即使时间未达到隔天的时数也要进行翻堆。

陈化过程（历时 4 ～ 5 周）主要是对一次发酵的物料进行进一步的稳定化，其间需插通气孔以满足微生物所需氧气。陈化后的物料经粉碎筛分，将合格与不合格的产品分离，前者包装出售，后者作为返料回收至一次发酵阶段进行循环利用。该工艺由于耗时长，翻堆操作麻烦，且需要翻堆设备，消耗人力多，已慢慢被新的技术和工艺取代。

3. 快速秸秆堆肥发酵工艺

近年来，湖南某科技公司研制了一套秸秆快速发酵制有机肥装置，包括 YSIOO 专用秸秆粉碎机、ZF-10 型秸秆制肥机及配套设备。YSIOO 专用秸秆粉碎机可粉碎干、湿秸秆，每小时可处理鲜秸

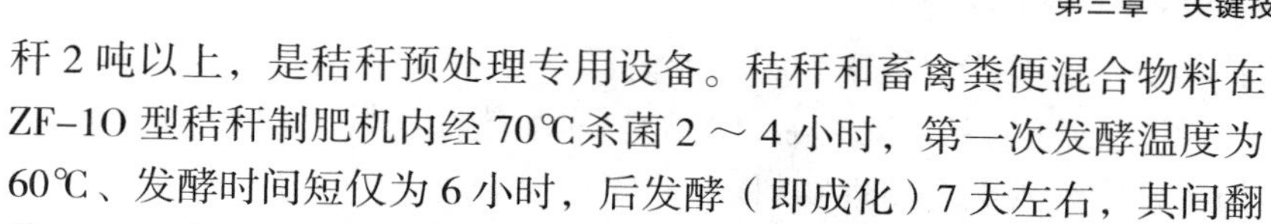

秆2吨以上，是秸秆预处理专用设备。秸秆和畜禽粪便混合物料在ZF-10型秸秆制肥机内经70℃杀菌2～4小时，第一次发酵温度为60℃、发酵时间短仅为6小时，后发酵（即成化）7天左右，其间翻堆2～3次，即可得到优质有机肥，具体操作步骤如下：

（1）农村废弃物的收集

农村废弃物的收集应注意分类收集，以利无害化处理和肥料配方，收集距离不要超过1千米，降低运输成本。废弃物分为八类，并分开堆放（表3-2）

表3-2　废弃物分类

分类	内容
第1类	尾菜、烂果、废花卉、生活有机垃圾等含水量高的鲜料类
第2类	新鲜秸秆类
第3类	干的秸秆类
第4类	菌渣、酒糟、谷壳类
第5类	绿化园林枯枝落叶、果树修剪枝丫类
第6类	畜禽粪便、垫料类
第7类	水体浮游废弃物类，如水葫芦、蓝藻等
第8类	优质农家肥类，如饼肥等

注意：物料堆放不能太高，留过道，便于检查，堆场应遮盖防雨，配备防火栓、灭火器，严防明火和堆温高发火，经常检查，专人看守。

（2）分类粉碎

鲜料和湿料：由于物料水分高，只要用切料机切碎即可，不需进行搓丝联合粉碎，否则会造成堵料和水分渗出，导致物料营养流失和环境污染。

干料和硬料：将切料机和搓丝机联合起来粉碎，碎成丝状，以利快速发酵和肥料品相提高。

软果和嫩叶：只要直接加到制肥机里，无须粉碎。

（3）原料配制

根据农村废弃物的物理特性、碳氮等养分和水分含量等进行配料，配料原则如下：

干配湿（秸秆+牛粪）：一般采用秸秆30%、牛粪65%、其他5%。

低配高（残体+饼肥）：养分含量低的物料，应配养分含量高的物料，如配些饼肥，提高肥料的品质。

软配硬（尾菜+秸秆）：嫩、软物料应配纤维含量高的物料，

有利于机器搅拌均匀，如尾菜配秸秆。

冷配热(鲜料+菌渣)：冷性物料应配热性物料，有利于加速发酵，如秸秆应配粪类等热性物料。

总之，配方后水分含量应为 55% ～ 65%，混合料碳氮比应为 25 ：1。

（4）杀菌

将机体内所有配料完成后，启动运行加热程序，进行杀菌，杀菌时间为 2 小时，但料温必须达到 70℃以上。

（5）快速发酵

杀菌完成后系统自动打开进料门搅拌降温发酵，发酵时间为 6 ～ 21 小时，发酵时间视具体物料而定，在温度降至 60 ～ 65℃时加入发酵菌组合 BY-F 和氮源营养剂 7 ～ 15 千克（氮源营养剂要分 4 次加入），检查物料水分是否合适。如果水分过高再加入适当的干料，直至物料用手捏紧能成团，但指缝中无水流出为宜。

（6）扩繁

发酵完成后系统自动打开进料门降温搅拌，待机体内物料温度降至 40℃以下时，再加入菌种 BYU、BY-J 各一小包。扩繁运行 1 小时后进入下一个阶段。

（7）出料

扩繁完成后，整个第一次发酵工艺完成，系统运行停止，开始做好出料前的准备工作，打开出料门，启动出料和搅拌按钮，出料时记录数量。机箱内所有物料出完后，必须切断电源，由 1 人到机箱内检查是否有异物缠绕在搅拌臂上，如有应清理，清理时必须关闭总源电闸。然后打扫卫生做好保养，为下班生产做好准备。

（8）后熟

肥料出料后，应堆成条垛，进行后熟，堆放处不能淋雨，并覆盖草帘或薄膜。一般后熟需 5 ～ 7 天，并翻堆 2 ～ 3 次（可用装载机转堆）；如不进行翻堆，应严格控制堆高，并加出气管，冬季气温较低时，堆高以 1.5 ～ 2 米为宜，夏季气温较高时，堆高以 1 米左右为宜，并加盖薄膜或草帘。当肥堆中心温度降至 40℃左右、堆中菌丝长满、水分为 30% 以下、有曲香味和微酸味时，即为优质有机

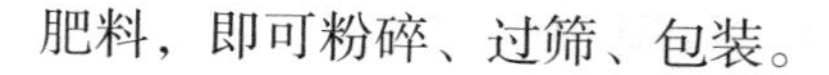
肥料，即可粉碎、过筛、包装。

三、秸秆饲料化

在秸秆综合利用中，秸秆饲料化是秸秆利用的一种有效途径，秸秆被动物吸收的养分则转化为肉和奶等，同时产生的动物粪便可用于有机肥生产，既提高经济效益，又实现资源循环。秸秆饲料利用中，可以将秸秆直接饲喂牛、羊等植食动物，也可对秸秆进行青贮，有利于秸秆的周年利用，并提供秸秆饲料的营养价值。

在饲料化利用的各种处理方式中，青贮是秸秆饲料化中最经济和实用的一种方式。青贮饲料是用新鲜的青绿饲草在厌氧条件下由乳酸菌经较长时间发酵制成的一种颜色黄绿、气味酸香、柔软多汁、适口性好、消化率较高的饲料，其能为反刍动物在冬春季提供优质的粗饲料。青贮饲料的原料主要有玉米和牧草等，我国每年产生的农作物秸秆总量约占全球秸秆总量的20%。其中，玉米秸秆资源量最大，约为2.43×10^9吨，占秸秆可收集资源量的34.7%。本书主要介绍玉米青贮饲料。

1. 玉米秸秆青贮收获时间

青贮饲料发酵效果与青贮原料收获时间密切相关，青贮玉米的收获期对青贮饲料的营养价值、蛋白质利用率、消化率和潜在采食量等的影响最大。有研究表明，蜡熟期玉米青贮的粗蛋白质、粗脂肪、无氮浸出物和干物质的含量明显高于乳熟期。不同收获期玉米青贮对奶牛的营养价值研究结果也表明，蜡熟期玉米青贮优于乳熟期，乳熟期玉米青贮优于乳熟前期。通过收获时间对玉米秸秆青贮影响的试验和动物生产试验结果分析，确定玉米秸秆青贮的最佳收获时间是蜡熟期。对于既收获籽粒又将秸秆进行青贮的玉米，可在蜡熟末期或完熟初期收获。

2. 玉米秸秆青贮前处理

为提高玉米青贮饲料的品质和营养价值，青贮前主要开展铡切、揉搓和汽爆等处理。已有研究结果表明，玉米秸秆揉丝加工和1.5厘米切割长度可使青贮物料的压实程度得以提高，物料中空气残留有所减少，有氧发酵时间有所缩短，青贮品质得到提高。对玉米秸秆

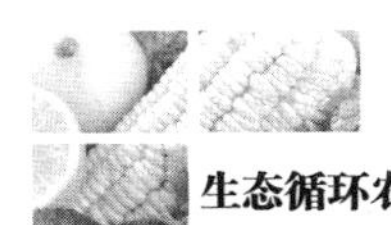

进行低强度汽爆（0.6～1.4兆帕，5分钟）处理，然后进行青贮处理时，低强度汽爆可有效地增加玉米秸秆中的可溶性糖含量，部分木质素和半纤维素被降解，秸秆的饲用效果得到提高。

3. 玉米秸秆青贮方式

根据青贮设施的不同，可将秸秆的青贮方式分为地上堆贮法、窖内青贮法、水泥池青贮法和土窖青贮法等。在生产中，较常用的是窖贮、裹包青贮和袋装青贮，现将这3种青贮方式进行简单介绍。

（1）窖贮

窖贮具有操作简单、成本低、容量大和使用方便等特点，是当前生产中推广使用最流行的一种青贮方式，为家畜提供大量优质的青贮饲料。已有研究结果显示，玉米青贮饲料的饲料水分、粗蛋白和中性洗涤可溶物含量均较原料高；对于玉米品种，西北农林科技大学畜牧站专用玉米青贮饲料的营养价值最高，西安新天地草业公司拉丝玉米秸秆青贮饲料的营养价值其次。青贮窖中全株玉米青贮品质、化学成分含量及干物质消化率同时也明显受青贮窖深度的影响，随着深度增加，干物质、总糖和可溶性糖类含量及干物质消化率、pH逐渐降低，而乳酸、挥发性脂肪酸、中性洗涤纤维和酸性洗涤纤维含量则升高，但真菌、乳酸菌、粗蛋白、粗脂肪和灰分含量未受显著影响。窖贮玉米饲料的营养价值和发酵品质随着贮存时间的延长而降低，开窖后，在50～290天的贮存期中，玉米青贮饲料附着的霉菌数量随着贮存时间延长而迅速增加，不良发酵程度加剧，玉米青贮饲料中的黄曲霉毒素B_1和玉米赤霉烯酮含量呈上升趋势。

【种养小课堂】

如何计算青贮窖的容量

计算青贮窖容量，应先掌握单位容积（立方米）青贮料的重量（如玉米秸秆在含水量少的情况下，切得细碎时每立方米重量为430～500千克；切得较粗时380～450千克），然后乘以窖的容积（圆形窖是3.14×半径×窖深；长方形窖是窖长×窖宽×窖深，单位均为米），即得出窖内青贮料的重量（千克）。

例：一个长4.0米、宽2.0米、深2.5米的青贮窖，当玉米秸秆

每立方米重量为450千克时，该青贮窖的容量：450×4.0×2.0×2.5=9000千克。

（2）裹包青贮

裹包青贮是一种利用机械设备完成秸秆或牧草青贮的方法，其对机械设备的要求较高，主要设备包括专业拉伸膜、揉切机或玉米秸秆收获机、打捆机和裹包机。裹包青贮技术能有效地解决草食家畜青绿饲料紧缺的问题，已在一些地区和企业中进行应用，并取得良好的经济和社会效益。已有研究表明，无论是感观品质和实验室分析，还是使用效果，玉米秸秆拉伸膜裹包青贮技术都能达到理想效果，值得推广。对全株玉米贮前、青贮窖青贮和拉伸膜裹包青贮这3种处理的营养物质含量进行试验分析，结果表明，青贮窖青贮玉米营养物质极显著高于贮前全株玉米，拉伸膜裹包青贮玉米营养物质显著高于贮前全株玉米，表明2种青贮方式均可在一定程度上提高全株玉米的营养价值，并可长期贮存全株玉米。

（3）袋装青贮

袋装青贮是将收获后的玉米或牧草，用切碎机切碎或用揉搓机揉碎，然后用灌装机装入专用塑料袋，适合小规模的养殖场。对全株玉米秸秆压缩打捆袋装的青贮模式进行研究，结果表明，青贮品质达到优良级别。FP4菌袋装青贮玉米秸与氨化麦秸饲喂育肥肉牛的比较试验，结果表明，FP4菌袋装青贮玉米秸显著提高肉牛的日增质量和经济效益。与饲喂干玉米秸秆的肉羊相比，饲喂玉米秸秆袋装青贮饲料的肉羊采食量、日均增质量和饲料利用率均显著提高.饲喂袋装青贮饲料的经济效益极显著高于饲喂干玉米秸秆。此外，饲喂袋装青贮饲料的经济效益显著高于饲喂窖贮饲料的。

【种养小课堂】

青贮饲料制作的关键

青贮饲料制作成败的关键有以下几点：

1. 原料要有一定的含水量一般制作青贮的原料水分含量应保持

在 65%～70%，低于或高于这个含水量，均不易青贮。水分高了要加糠吸水，水分低了要加水。

2. 原料要有一定的糖含量一般要求原料含糖量不得低于 2%。

3. 青贮过程要快缩短青贮时间最有效的办法是快，一般小型养殖场青贮过程应在 3 天内完成。要求做到快收、快运、快切、快装、快踏、快封。

4. 压实在装窖时一定要将青贮料压实，尽量排出料内空气，不要忽略边角地带，尽可能地创造厌氧环境。

5. 密封青贮容器不能漏水、露气。一定要注意后天的维护工作。

四、秸秆生物炭

近年来，利用农作物秸秆制备生物炭因其突出的效果备受关注。秸秆生物炭是利用农作物秸秆在低温限氧条件下热解产生的富碳固体。秸秆生物炭具有含碳量高、稳定性高、表面官能团丰富等特性，且孔隙发达，具有较高的比表面积和阳离子交换量，可充当吸附剂用来吸附水体和土壤中重金属和有机污染物，具有固定土壤中重金属和有机污染物的潜在能力。秸秆生物炭施入土壤对于土壤固碳、改良土壤肥力、提高土壤微生物生物量、提高土壤氮磷等养分有效性、控制农业面源污染、重金属污染土壤修复、减少温室气体（二氧化碳）的排放等方面具有重要作用。作为一种新型多功能材料，生物炭应用于水污染控制和微生物燃料电池电极等方面。

1. 秸秆生物炭的制备

热解法是利用高温在限氧条件下对秸秆进行分解，制成生物炭的方法。根据加热速率和热解时间的不同，热解反应可分为慢速热解和快速热解。慢速热解的加热速率低于 1℃／秒，反应温度通常在 700℃以下，反应时间长，秸秆生物炭主要利用这种方式制备而成。快速热解的加热速率最大可达 1000℃／秒，反应温度达到 900℃，数秒之内即可完成秸秆生物炭的制备，快速热解生物炭产量较低，因为秸秆内部结构在高温条件下被破坏。不同的热解条件对生物炭的性能和产率有很大影响，主要影响因素包括反应时间、反应温度、

加热速率。简敏菲等以水稻秸秆为原料，在不同温度下（300～700℃）利用慢速热解法制备生物炭，当温度升高时，生物炭产率从38.2%下降到17.1%，灰分、碳含量增加，孔隙量增加，平均孔径变小。

秸秆生物炭还可以用于制备复合材料，为提高对特定污染物的吸附效果，一般在生物炭表面加入能与污染物反应的无机物，常用来与生物炭复合的材料包括纳米复合材料、锰氧化物、磁性复合材料。如利用玉米秸秆与高锰酸钾（$KMnO_4$）制备了MnO_X-生物炭复合材料，该生物炭复合材料对铜离子（Cu^{2+}）的最大吸附量达到160.3毫克/克，与单一秸秆生物炭相比，吸附能力提升了约8倍，灰分含量提升约4倍，其孔径从23.7纳米提升至92.2纳米，碳氮比从25：1降低到1.88：1。此外，对生物炭的表面进行化学处理，也可改善秸秆生物炭的性能。

2. 秸秆生物炭的性质

（1）元素组成

秸秆生物炭主要组成元素为碳、氧、氢等，除此之外，秸秆生物炭中还含有较高的氮、磷、钾、硫和灰分，灰分是原料热解后的残留无机固体。同种原料制备的生物炭成分主要取决于裂解温度。随着裂解的温度升高，碳、磷、钾含量及灰分含量增加，氮含量减少。碳氮比反映生物炭的稳定性，随着温度的升高，碳氮比增大，秸秆生物炭稳定性增强，不易被矿化分解，利于延长使用效果。秸秆生物炭中的元素组成一定程度上影响对污染物的去除效果，如磷含量增大，与重金属离子生成磷酸盐沉淀，增强对重金属离子的去除效率。氢碳比值降低表示生物炭的碳化和芳香性增加。

（2）比表面积

秸秆经高温处理部分有机物挥发，质量和体积减小，密度增大，表面特性和孔隙结构发生改变，具有更发达的孔隙结构和更大的比表面积，生物炭比表面积的大小是吸附能力的重要影响因素之一。秸秆生物炭的比表面积取决于秸秆的种类和裂解条件，如玉米生物炭、水稻生物炭和小麦生物炭的比表面积最大分别为449.7米^2/克、504.3米^2/克和1279米^2/克。

（3）化学性质

秸秆生物炭一般呈碱性，同种温度下制备的不同秸秆生物炭表面官能团种类和数量相似，主要表面官能团有羧基、羟基和羰基等，表面活性官能团是决定秸秆生物炭 pH 的主要因素。影响表面官能团的主要因素为裂解温度，随着裂解温度的升高，活性官能团的种类减少。生物炭表面的活性官能团电离产生电荷，对金属阳离子的吸附效果显著，施入土壤提升土壤阳离子交换量（CEC），高温裂解制备的秸秆生物炭活性官能团丰度低，因此施用后对土壤阳离子交换量提高较小。

3. 秸秆生物炭的应用

（1）农业应用

高温制备的生物炭性质稳定，含碳量最高达 98%，在土壤中可保留 1600 年，将生物炭施入土壤能增加土壤碳含量，改善土壤理化性质，提高农作物产量，既能缓解温室效应，又能增加土壤肥力。生物炭施入土壤增加农作物产量主要表现为改善土壤环境和促进农作物生长，促进农作物生长的主要原因有提高农作物根茎叶营养成分的含量、提高水分利用率、降低土壤有毒物质对农作物的危害。

施入生物炭可改善土壤结构和土壤持水性、调节 pH、增强土壤对养分的保持能力等，生物炭、土壤本身理化性质和施入量是影响生物炭改良土壤性质的主要原因。研究表明，玉米秸秆生物炭能改善酸性（$pH<5.5$）土壤，施入玉米秸秆生物炭后，土壤阳离子交换量最大值可达 124.6 厘摩 / 千克，随着阳离子交换量的增大，土壤 pH 增大，玉米秸秆生物炭对酸性土壤的改善效果优于氢氧化钙 [$Ca(OH)_2$] 的改善效果。还有研究表明，适量的玉米秸秆生物炭施入量（40 克 / 千克）能够提高玉米产量 26.1%，提高水分利用率 18%。

（2）重金属修复

秸秆生物炭具有较大的比表面积和发达的孔隙结构，溶解性低，价格低廉，具有高度芳香化的稳定结构，是优质的吸附剂。经过改性后生物炭的表面活性官能团的种类和数量增加，对水体污染物质的吸附能力加强。目前，生物炭及其改性材料被广泛应用于吸附水土污染物，如重金属离子、工业染料等。

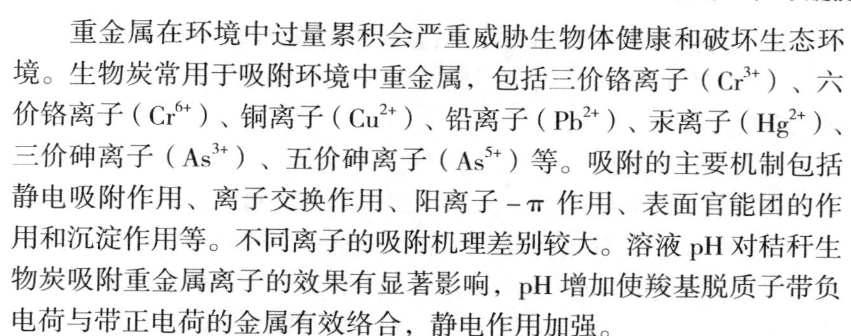

重金属在环境中过量累积会严重威胁生物体健康和破坏生态环境。生物炭常用于吸附环境中重金属，包括三价铬离子（Cr^{3+}）、六价铬离子（Cr^{6+}）、铜离子（Cu^{2+}）、铅离子（Pb^{2+}）、汞离子（Hg^{2+}）、三价砷离子（As^{3+}）、五价砷离子（As^{5+}）等。吸附的主要机制包括静电吸附作用、离子交换作用、阳离子－π 作用、表面官能团的作用和沉淀作用等。不同离子的吸附机理差别较大。溶液 pH 对秸秆生物炭吸附重金属离子的效果有显著影响，pH 增加使羧基脱质子带负电荷与带正电荷的金属有效络合，静电作用加强。

（3）有机物修复

秸秆生物炭对废水中的有机物有很好的去除效果，生物炭对有机污染物的作用机理以表面吸附（氢键、离子建、π－π 作用）、分配作用和孔隙截留为主，低温生物炭对有机物主要的吸附机理为分配作用。水稻秸秆生物炭对两种有机染料亚甲基蓝和日落黄的吸附等温线研究表明符合 Freundlich 模型，动力学研究表明均符合准二级动力学模型；随着温度在 5 ～ 45℃逐渐升高，去除效率增大；但水稻秸秆生物炭对两种染料的吸附原理差别较大，生物炭对阳离子染料亚甲基蓝的吸附主要通过离子交换作用，对日落黄的去除主要是通过分子芳环之间的 π－π 作用。利用玉米秸秆生物炭，去除水体中的芘，表面吸附起主导作用，吸附系数 K_{Fr} 为 5.22 ～ 6.21。在 450℃制备的玉米秸秆生物炭，经磷酸盐处理之后，对水体中杀虫剂二嗪磷的去除率达 99%，表面吸附占主导作用。

五、秸秆食用菌基质

利用秸秆栽培食用菌可有效地避免秸秆对环境的污染等问题，而且在循环模式的多级利用中能带来可观的经济和社会效益。食用菌菌丝在秸秆基质中分泌的胞外酶如漆酶、木质素过氧化物酶、锰过氧化物酶、纤维素酶、木聚糖酶等，可以降解纤维素、半纤维素和木质素，将粗纤维转化为人类可食用的优质蛋白，把大分子物质分解成为小分子物质，再参与其他合成反应。菌丝在降解基质的过程中，菌丝体自身也获得营养和能量，最后在菌丝体内合成蛋白质、脂肪和其他成分。已有研究表明，栽培凤尾菇后的稻草秸秆的粗纤维含量比接种前降低了45.4%，粗蛋白质含量提高31.0%～61.2%。因此，利用秸秆栽培食用菌不仅可以实现对秸秆的高效利用，而且可以发展多种循环模式。

我国人工栽培的食用菌品种已达到40多种，而且每种食用菌都有许多不同的品种或菌株，其中大部分的食用菌，如双孢蘑菇、草菇、平菇等，人工栽培的共同特点是以稻草、秸秆等农业废料作为培养料的碳源，畜禽粪便为氮源，通过菌丝生长、子实体发育，降解、转化秸秆，提供优质蛋白质。食用菌业的发展，使得秸秆得到了较为充分的利用。已有研究表明，用玉米秸秆为主料栽培双孢蘑菇的高产新技术，收益可达22.5万元／公顷以上，具有较好的社会效益和生态效益。在福建省主要利用稻草秸秆生产双孢蘑菇和姬松茸，农业增收效果明显。

当今我国对食用菌的秸秆栽培技术处于领先阶段，对食用菌栽培过程中的堆料、用水、覆土、菇房、菌种及环境等均有研究，对影响食用菌安全的危害因子分析及关键控制点等也很多研究，这些为秸秆栽培食用菌提供了理论基础。对二次发酵技术、反季节栽培技术、无公害栽培技术等先进技术相继研究成功，使秸秆栽培食用菌得以广泛推广应用。目前，秸秆栽培食用菌基质发酵处理的水平也不断提高，利用稻草秸秆三次发酵栽培双胞蘑菇也取得成果，克服了二次发酵培养料理化状态不佳和病虫害杂菌芽孢还未被彻底杀死等缺点，从而提高食用菌秸秆降解、转化效率，进一步提高了产量。

1. 秸秆食用菌循环利用模式

近年来，农业生产一般遵循循环经济的高效利用模式，不断发展多种循环模式，以实现现代农业生产物质、能量良性循环的目标。食用菌作为连接点将养殖业、种植业和加工业结合起来，形成一个高效的、无废物的生产过程，在这个生产网络中，投入的物质、能量可以在系统内实现多次循环转化，相继出现了秸秆－食用菌－有机肥模式、秸秆－食用菌－畜禽－有机肥模式、畜禽－沼气－食用菌模式、秸秆－食用菌－菌糠种菇模式等多种技术模式。这些模式的出现使农业生态系统稳步向良性循环发展。

这些循环模式以废弃菌糠的综合利用为关键环节，菌糠利用模式也日益成熟并多样化。秸秆栽培食用菌后产生的菌糠可以栽培另一种食用菌或做畜禽的饲料，尤其是留在菌糠中的前一种食用菌菌丝残体蛋白本身就可以作为后一种食用菌易于吸收的良好氮源，而畜禽粪便进一步可作为沼气的生产原料，最后以沼气的沼渣作为肥料还田，在这个链系中秸秆可以得到多次、多级的利用，不断地循环，最终实现生态农业的良性循环。菌糠种菇一般用香菇、白灵菇、金针菇、猴头菇、平菇的菌糠栽培鸡腿菇，比如用白灵菇的菌糠栽培鸡腿菇满足了多季节的栽培需要，收到良好的效益；而用灵芝菌糠栽培平菇，第一潮菇转化率可高达 100%，非常值得推广。除此之外，用平菇或金针菇菌糠栽培草菇，用出菇后的香菇、平菇、金针菇等菌糠来栽培双孢蘑菇，既可及时处理污染料，减少环境污染，又可废物利用，提高经济效益。据报道菌糠也可以制作菌种，将金针菇菌糠以 25% 的量添加到棉籽壳中用于生产平菇菌种，菌丝生长速度比未添加菌糠的对照组增加 0.06 厘米 / 天。

2. 菌糠循环利用

秸秆在食用菌生长过程中，能量与物质得以有效利用和转移。首先食用菌将原来储存在秸秆中的能量，转移到食用菌子实体中，再由子实体转移到人体中，从而形成人们对生物能量利用的一个新层次。而对菌糠的化学成分进行分析可以发现，秸秆成分已经发生了很大的变化，其干物质约占原重的 50% 左右，被菌丝分解的部分，约 1/3 用于菌体合成，1/3 用于呼吸消耗，另外 1/3 则以新的形式存在于菌床残渣中，即菌体蛋白。秸秆在菌丝的作用下降解了大量木质素、纤维素，而且产生价值更高的子实体，剩余菌糠则进入综合利用的产业链，这使得秸秆在多次、多级的利用模式中降解转化，产生更大的经济和社会效益。

菌糠可与畜禽粪便一起发酵制备有机肥，也可以先用于畜禽养殖时的垫料，然后再制备有机肥。菌糠做有机肥可以形成具有良好通气、蓄水能力的腐殖质，改善土壤肥力，减少化肥和农药的施用量，同时减少其在农产品中的残留量，为有机食品生产提供保证。

【能量加油站】

选用农药的基本原则

农药的种类繁多，防治对象也各不相同，同一种农药也有多种剂型，不同的剂型在使用方法和效果方面也会有很大差异。因此，要根据防治要求、防治对象合理选择农药产品种类。如果选用不当，不仅不能对病、虫、草、鼠害等进行防治，对农作物进行保护，反而有可能危害作物，甚至污染环境或影响人、畜健康。

选择农药一般应遵循安全、有效、经济的原则，安全主要包括防止人、畜中毒，避免作物药害，控制农药残留和保护有益生物；有效主要指防治效果好；经济主要指选用农药应讲经济效益，力求以最小的投入获得最大的收益。要达到上述目的，一般应做好以下几点：

1. 对症买药

首先要明确防治对象，然后根据防治对象选择正确的农药，根据农药确定施药器械。

2. 选择高效、低毒、低残留的农药

多种农药或一种农药的不同剂型，均会对防治对象有防治作用，应选择用量少、防效高、毒性低、在农产品和环境中残留量低、残留时间短的农药。

3. 选择价格合理的农药

选择农药要考虑产品价格，但并不等于价格低的农药就经济划算。除了考虑价格因素外，还要考虑到单位面积的施药量和持效期等多种因素。持效期长，在整个作物生长季中的施药次数就会减少，用药成本就低；反之费用就高。

六、秸秆的其他用途

除上述5种作物秸秆主要利用方式外，秸秆还可用于制板材、

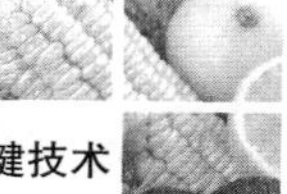

颗粒生物质燃料、编织、工艺品、气化、液化、生物柴油等，特别是近年来中国石油大学田原宇团队在作物秸秆快速热解制腐殖酸上取得了重要突破，采用作物秸秆毫秒快速热解技术，直接杀死病原菌和害虫卵，腐殖酸收率达50%以上，年5万吨秸秆加工装置总投资为5000万元，年收入可达6200万元。并采用利用秸秆热解生物腐殖酸组分与尿素、醇等交联聚合，创制靶向腐殖酸新材料，可精确修复土壤重金属污染和盐碱化等，而且一次施用后，长期修复。该项技术成果已申报国家发明奖。

第三节　畜禽粪便肥料化与处理

推进畜禽粪污资源化利用，是贯彻落实党的十九大重要战略部署，是践行“绿水青山就是金山银山”理念的重要举措，是破解农业农村突出环境问题、实施乡村振兴战略、建设生态文明国家的战略选择。畜禽粪便一直是我国农业生产的主要有机肥源，种养结合、用地养地农业发展模式支撑了我国几千年的农业文明史。但是，近年来随着畜牧业规模养殖的快速发展，粪便量大且集中，受季节限制、施用不便、部分重金属和抗生素含量较高等因素制约，农业生产中内部物质能量循环流动的链条中断，许多粪便资源变成了重大污染源。开展畜禽粪污资源化利用对保护生态环境、提高土壤质量和农产品品质等方面具有十分重要的意义。

一、利用模式

目前，畜禽养殖粪污的利用方式通常是将粪便、尿液和污水（冲栏水）等一并输入沼气池进行沼气发酵。而这种方式导致沼渣与沼液难于分离，为其后续资源化利用带来难度。近年来，中国科学院亚热带农业生态研究所吴金水团队提出了畜禽粪便资源化利用新模式和技术途径（图3-10）。

该模式将畜禽粪便通过干清粪或固液分离方式分离出粪便，将畜禽粪便与谷壳、花生壳、粉碎秸秆、菌渣、竹木屑等通过连续增氧高温发酵制备有机肥。养殖场污水（尿液和冲栏水）进入沼气池进行沼气发酵，在冬季低温期可使用太阳能热水对沼气池进行加温，以便保障沼气池周年产气。沼液可用作液体有机肥用于牧草、果园等施肥。沼液也通过生物基质池消纳部分可溶性氮，生物基质池通常采用干稻草作为基质，通过稻草基质池的沼液进入多级绿狐尾藻生态湿地，绿狐尾藻生态湿地流出的水可用于水产养殖和水生植物种植，然后达标排放或循环利用。绿狐尾藻生态湿地应经常管理和进行收割，以促进其生长和对污水中氮、磷的吸收，收割的绿狐尾藻可通过压榨脱水，再添加辅料（玉米粉等）和发酵微生物混合菌种加工成饲料，也可以将收割的绿狐尾藻用作肥料，用于果园或茶园覆盖，因为绿狐尾藻在果园或茶园中将死亡分解，从而有利于改良土壤结构，提高土壤肥力和果茶质量。

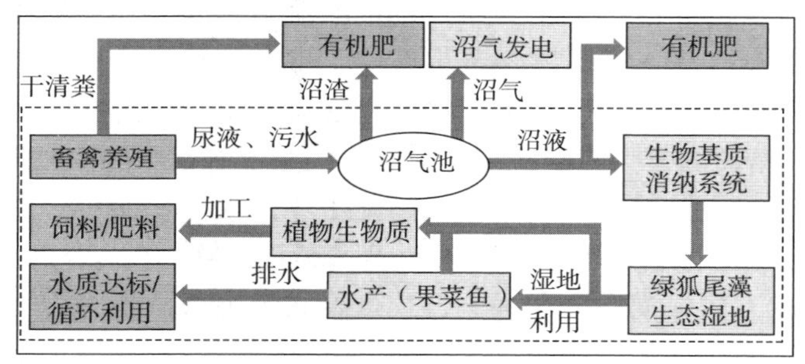

图 3–10　畜禽粪便资源化利用模式流程图

二、产污系数和允许排水量

1．畜禽养殖产污系数

为开展第一次全国污染源普查工作，2009 年在农业部的指导下，中国农业科学院农业环境与可持续发展研究所、环境保护部南京环境科学研究所共同牵头主持，会同地方农业部门、农业和环保领域的科研单位和大学开展了畜禽养殖业源产排污系数核算，制定了《第一次全国污染源普查畜禽养殖业源产排污系数手册》。由于不同区域的畜禽养殖气候和管理方式不同，其产污系数有较大差异，因此该手册将我国养殖区划分为六个区，包括华北区、东北区、华东区、中南区、西南区和西北区，表 3–3 列出了中南区畜禽养殖产污系数

估算值，可以供畜禽养殖场粪污资源化利用和处理等规划和设计提供参考。

表 3-3　中南区畜禽养殖产污系数估算

指标	生猪			奶牛		肉牛	蛋鸡		肉鸡
	保育	育肥	妊娠	育成牛	产奶牛	育肥牛	育雏育成鸡	产蛋鸡	商品肉鸡
参考重量（千克）	27	74	218	328	624	316	1.3	1.8	0.6
粪便量［千克 /（头・天）］	0.61	1.18	1.68	16.61	33.01	13.87	0.12	0.12	0.06
尿液量［升 /（头・天）］	1.88	3.18	5.65	11.02	17.98	9.15			
粪尿化学需氧量［克 /（头・天）］	187.4	358.8	542.4	3324.5	6793.3	2411.4	21.86	20.5	13.05
其中尿液化学需氧量［克 /（头・天）］	30.41	46.95	50.27	227.6	370.5	138.7			
全氮［克 /（头・天）］	19.83	44.73	51.15	139.8	353.4	65.93	0.96	1.16	0.71
全磷［克 /（头・天）］	2.51	5.99	11.18	25.99	62.46	10.52	0.15	0.23	0.06
铜［毫克 /（头・天）］	82.24	118.8	113.6	158.4	307.4	68.57	0.44	0.82	0.72
锌［毫克 /（头・天）］	145.6	290.9	365.5	731.7	1631.2	276.2	3.80	5.37	6.94

2. 畜禽养殖允许排水量

为控制畜禽养殖养殖业产生的污水、废渣和恶臭等对环境的污染，国家环境保护总局于 2001 年发布了《畜禽养殖业污染物排放标准》（GB18596-2001），该标准主要适合集约化和规模化畜禽养殖场和养殖区，该标准根据畜禽养殖过程工艺方式不同，分别规定了集约化畜禽养殖水冲粪工艺最高允许排水量和集约化畜禽养殖干清粪工艺最高允许排水量为畜禽养殖场规划中沼气池和污水处理系统设计提供参考。由于该标准只规定猪、鸡、牛养殖的最高允许排水量，其他种类畜禽可采用换算比例，即：30 只蛋鸡折算成 1 头猪、60 只肉鸡折算成 1 头猪、3 只羊折算成 1 头猪、1 头奶牛折算成 10 头猪、1 头肉牛折算成 5 头猪。但是，在 2017 年农业部区域生态循环农业项目总体方案中，其换算比例为 1 头牛相当于 10 头猪。因此，在进行不同畜禽换算是应根据具体情况进行适当调整。

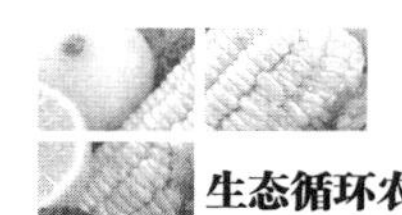

二、畜禽粪便资源化利用

畜禽养殖业的快速发展，对于满足人们对肉、蛋、奶等的需求及农业经济发展具有非常重要的作用，然而畜禽养殖废弃物排放对生态环境造成了严重的污染。

目前，畜禽粪便肥料化方法主要包括条垛式堆肥发酵法、槽式堆肥发酵法、罐式（立式和卧式）堆肥发酵法。近年来，中国科学院亚热带农业生态研究所研究人员建立了一种畜禽粪便连续增氧高温发酵制有机肥的方法，已申请国家发明专利（CN108424186A，CN108530114A）。这里主要介绍该设备和使用方法。

1. 畜禽粪便连续增氧高温发酵制有机肥的设备构建

畜禽粪便连续增氧高温发酵制有机肥的设备（图3-11），包括自动控制系统、继电器、三相异步电动机、三叶罗茨鼓风机、进口消音器、出口消音器、塑料蝶阀、PVC钢丝螺旋增强软管、PPR塑料管、喷头、通风槽、发酵坪、温度仪、铲车和旋耕机等组成。其连接关系：进口消音器与三叶罗茨鼓风机的进风口相连，出口消音器与三叶罗茨鼓风机的出风口相连，三相异步电动机通过皮带与三叶罗茨鼓风机相连，继电器分别与自动控制系统、三相异步电动机相连，出口消音器与第一塑料蝶阀相连，第一塑料蝶阀与PVC钢丝螺旋增强软管相连，PVC钢丝螺旋增强软管与PPR塑料管相连，PPR塑料管与喷头相连，PPR塑料管与第二塑料蝶阀相连，在发酵坪下装有PPR塑料管，在发酵坪上开有通风槽，温度仪与自动控制系统相连，温度仪插入发酵坪上的堆料中。铲车可在发酵坪上运行，拖拉机与旋耕机连接，铲车和旋耕机用于堆肥时铲料和原料混合。

（1）PPR塑料管布设

首先在堆肥发酵车间室内布设直径为110毫米的PPR塑料管，两排塑料管之间的距离为1.2～1.5米，PPR塑料管之间采用热熔连接，在PPR塑料管排水出口安装塑料蝶阀（型号D7IX-10S、直径110毫米）。沿PPR塑料管每隔1～1.2米在PPR塑料管边上安装打入地面的直径为12毫米、长度为20～40厘米的钢筋，用2毫米

的铁丝将塑料管固定在钢筋上，防止后续浇灌混凝土时 PPR 塑料管移位。

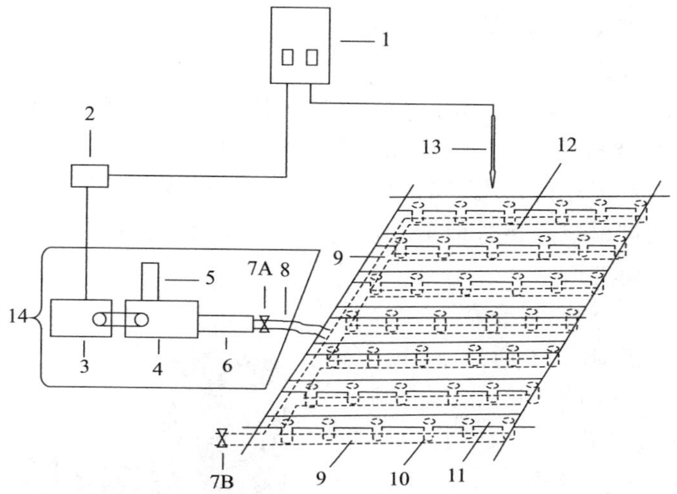

1. 自动控制系统 2. 继电器 3. 三相异步电动机 4. 三叶罗茨鼓风机
5. 进口消音器 6. 出口消音器 7A. 第一塑料蝶阀 7B. 第二塑料蝶阀
8. PVC 钢丝螺旋增强软管 9.PPR 塑料管 10. 喷头 11. 通风槽
12. 发酵坪 13. 温度仪 14. 通风系统

图 3–11 畜禽粪便连续增氧高温发酵制有机肥设备示意图

（2）喷头安装

在 PPR 塑料管上每隔 9 ～ 11 厘米处钻 1 个直径为 4 毫米的孔，在每个孔中安装一个喷头，沿 PPR 塑料管方向在喷头上安装厚 2 ～ 2.5 厘米、宽 3 ～ 3.5 厘米的杉木条，用 6 ～ 8 厘米长的铁钉穿过杉木条钉在 PPR 塑料管上，使杉木条压住喷头固定 PPR 塑料管上。

（3）浇注混凝土

在 PPR 塑料管和喷头周围浇注混凝土，混凝土的高度与杉木条同高，但不要盖过杉木条，以便于混凝土凝固后将杉木条取出。

（4）取出杉木条

浇注混凝土 10 ～ 20 天后，小心地慢慢将杉木条取出，即得到通风槽。注意在取出杉木条时不要造成喷头移位和松动。

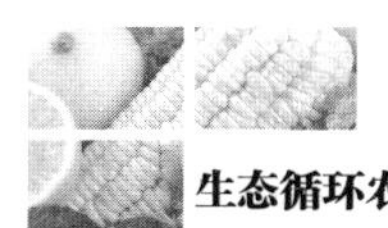

（5）去喷头上塑料膜

清理取出杉木条后形成的通风槽，再用电烙铁将覆盖在喷头上的塑料膜熔去，这样即可得到堆肥发酵坪。

（6）鼓风系统

将内径为110毫米或者114毫米的PVC钢丝螺旋增强软管的一端与PPR塑料管相连，另一端与第一塑料蝶阀相连，第一塑料蝶阀与出口消音器相连，出口消音器与三叶罗茨鼓风机相连，三叶罗茨鼓风机的进风口连接进口消音器，三叶罗茨鼓风机还通过皮带与三相异步电动机相连。

（7）自动控制系统

自动控制系统通过继电器与三相异步电动机相连，并控制三相异步电动机运行或停止，进而控制三叶罗茨鼓风机运行或停止。自动控制系统还通过导线与温度仪连接，温度仪插入发酵坪上的堆料中，在自动控制系统的显示屏中可以显示堆料的温度，从而可以根据堆料温度通过自动控制系统来设定三叶罗茨鼓风机的通风和停止时间（图3–12）。

图3–12　自动控制系统

2. 畜禽粪便连续增氧高温发酵制有机肥的方法

（1）堆肥配料及混合

制备堆肥所用的猪粪、花生壳和统糠等原料的理化特性见表3–4。将新鲜猪粪与花生壳按1 ：（1.8 ～ 2.2）（体积比）的比例混合，或者将新鲜猪粪与花生壳和统糠（或谷壳）按2 ：（1.5 ～ 2.0）：（1.5 ～ 2.0）（体积比）的比例混合，先用铲车铺一层花生壳或统糠，再用铲车铺一层猪粪，然后再用铲车铺一层花生壳或统糠，之后用连接了旋耕机的拖拉机将猪粪与花生壳或统糠（谷壳）混合均匀。

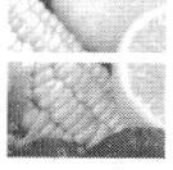

表 3-4　堆肥发酵原料基本理化特性

种类	容重（克 / 厘米 ^{3}）	含水量（%）	pH	有机质（以烘干基计，%）	氮（N，以烘干基计，%）	磷（P_2O_5 以烘干基计，%）	钾（K_2O，以烘干基计，%）
猪粪	0.970	68.9	6.3	83.9	3.73	4.57	1.85
花生壳	0.214	10.5	5.9	76.9	1.45	0.33	1.37
统糠	0.421	9.1	6.5	65.5	0.64	0.19	0.25

（2）发酵

先在通风槽内填放花生壳或谷壳，使其略高于发酵坪的水泥地面，并在发酵坪内铺一层花生壳或谷壳，有利于保持喷嘴不被发酵料堵塞，同时发酵坪上铺设的花生壳或谷壳可以吸收发酵时产生的水分，再将混合好的堆肥原料用铲车铲起，轻轻地均匀堆放到上述堆肥发酵坪上，堆料高度 1.6 ～ 1.8 米。通过自动控制系统设定堆肥发酵的通风时间为 3 ～ 5 分钟，停止通风时间为 18 ～ 25 分钟，每天记录发酵料的温度，发酵第 4 天堆料温度即可到 70℃以上，此后也可以保持在 62℃以上（图 3-13），发酵至第 15 ～ 20 天，即可完成发酵，得到发酵后的有机肥。

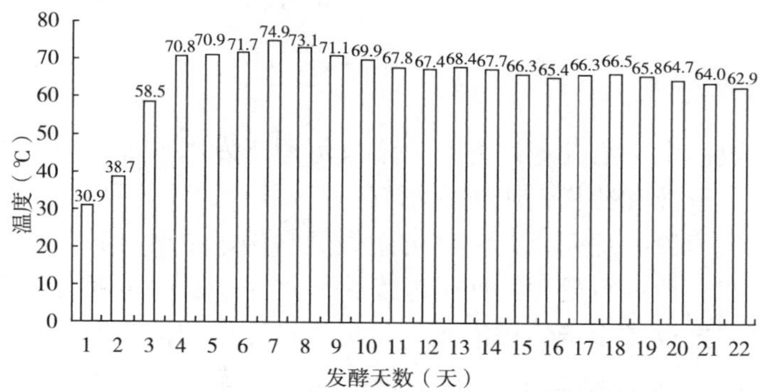

图 3-13　猪粪与花生壳连续氧增堆肥发酵温度变化

（3）翻抛、过筛、包装

将发酵后的有机肥转移到成化车间后熟，堆料高度为 20 ～ 40 厘米，可采用翻抛机（德国 Eggersmann 公司产）将发酵后的有机肥每隔 1 ～ 2 天进行翻抛 1 次，使含水量降低到 30% 以下，再通过过筛、包装，即可得到成品有机肥。

【种养小课堂】

问：经过高温发酵（第一次发酵）的半成品是否可以当肥料使用？

答：不能。如果不经过第二次发酵，当农户施用量过大时，会引起二次发酵产生高温，然后作物出现烧根、烧苗等现象。

问：请问如何计算一个规模养鸡场每天产粪多少？

答：经测算，每只成年蛋鸡每天排出鲜粪约100克，则一家1万只鸡的养殖场，每天产鲜鸡粪约1 000千克。

问：鲜鸡粪能否直接当肥料进行施肥？

答：不能。因为未经处理的鲜鸡粪中可能含有寄生虫、虫卵以及较多的传染性病菌，会给环境带来污染。此外，在微生物的作用下，鸡粪在堆放的过程中会产热，最高达到60～70℃，容易烧伤植物。所以，鸡粪不能直接施用，必须经过发酵、腐熟后才能作为农作物的肥料。

四、污水处理

养殖污水经沼气池发酵后，沼气可用于发电或养殖场的能源，由于只有尿液和冲栏污水进入沼气池，沼渣很少，可以不考虑。重点是解决沼液处理问题，沼液可以做肥料用于果园和牧草地，也可采用生态湿地进行处理，使沼液净化可用于水产等养殖，然后到达排放要求排放或用于农田灌溉。这里重点介绍沼液生态湿地处理，在沼液进入生态湿地之前，先经过稻草池消纳转化部分可溶性氮磷。

1. 稻草生物学特性及作用机理

当沼液中氨态氮含量过高时，对绿狐尾藻的生长不利，应降低其氨态氮含量，解决的途径就是经过稻草池消纳转化部分可溶性氮磷。其原理是稻草有机碳含量高达40%左右，而氮磷含量较低，而沼液中氮磷含量较高，当沼液进入稻草池后，由于微生物生长，同化部分可溶性氮磷，降低了沼液中的可溶性氮磷含量。此外，沼液经过稻草池时，部分氨由挥发作用而释放出来。

【种养小课堂】

沼气池常用的搅拌方法

沼气池常用的搅拌方法有两种：

1. 用长柄的粪勺或其他器具从沼气池进料管深入发酵间，来回拉动10余次；

2. 是从出料间舀出10桶沼液，向进料口冲入，使发酵液流动。

经过多种秸秆等材料的试验，表明采用稻草为最佳的消纳转化材料，其特点是：稻草纤维素含量高（＞98%），孔隙度大（83.5%），碳氮比高[（60～80）：1]。稻草中纤维素是同D吡喃葡萄糖酐与-1，4-苷键连接，同时，其大分子链中每个葡萄糖基环上有2个仲羟基和1个伯羟基，均为活泼的羟基。用稻草作为生物基质池的填料，既可消除废水的臭味，也可去除废水中有害、有毒物质（如黏稠物、粗脂肪、固体悬浮物、重金属、抗生素等），为下一级生态湿地的主体植物绿狐尾藻提供适宜生境条件。

2. 绿狐尾藻生物学特性及作用机理

构建生态湿地的关键植物——绿狐尾藻（Myriophyllum elatinoides），属小二仙草科狐尾藻属，又称绿羽毛狐尾藻，原产地为南美洲，作为景观植物引入我国已有200多年，系多年生沉水或浮水草本植物，下部沉于水中，上部挺出水面，根状茎匍匐于水下或淤泥中，无性繁殖（图3-14）。主要生物特性以下：

图3-14　绿狐尾藻

（1）在水体中适宜生长的时间长

绿狐尾藻适宜生长温度在5℃以上，在我国亚热带地区全年都能正常生长发育，在冬季霜冻期露出水面的植株会受到冻害，但沉于水中的植株四季常青。日最高气温高于38℃时，在浅水（＜10厘米）区绿狐尾藻的地上部分易死亡。

（2）适应于高氮磷的水体环境（氮含量 20 ～ 500 毫克 / 升，磷含量 0.5 ～ 50 毫克 / 升）

绿狐尾藻在富含氮磷的水体中生长迅速、生物量大，3 月下旬至 12 月下旬可每隔 30 ～ 40 天收割 1 次，每次可收割获鲜草 100 吨 / 公顷左右。

（3）对环境中氮磷的吸收能力强

绿狐尾藻植株含氮量高（27 ～ 30 克 / 千克，以 N 计，干重），在适宜的高氮磷湿地环境中年干草产量达 45 ～ 90 吨 / 公顷（年收割 9 ～ 10 次），氮磷年吸收量分别达 1 ～ 2 吨 / 公顷（以 N 计，约相当于 280 ～ 560 头猪的氮年排放量）和 0.18 ～ 0.3 吨 / 公顷（以 P 计）。

（4）营养价值高

绿狐尾藻植株粗蛋白含量 17.0% 左右、粗纤维含量 36.90/%，赖氨酸、苏氨酸、谷氨酸、天冬氨酸等氨基酸含量显著高于三叶草（一种优质牧草），富含钙、镁、锌、铁、锰等微量元素，有害物质（如重金属）积累量较低。

（5）能与水体和底栖动、植物共生

绿狐尾藻具有茎与根连通的特殊组织结构，其气腔截面比为 30.6%。这种组织结构具有强大的泌氧功能 [10 ～ 29 摩尔 /（千克・天）]，不仅不会导致水体和底栖动、植物因缺氧而窒息死亡，反而可为其提供充足的养料和氧气。

（6）不耐贫瘠、不耐旱，生物入侵可能性小

绿狐尾藻在氮含量低于 3 毫克 / 升（以 N 计）的水中生长几乎不能正常生长，甚至萎缩，离开水体后自行死亡。

3. 生态温地工艺流程和参数

（1）生态湿地工艺流程

本工艺主体由稻草生物基质消纳系统和绿狐尾藻湿地消纳系统组成。稻草生物基质消纳系统由一个或多个用稻草作为填料的基质池组成，绿狐尾藻湿地消纳系统由多个绿狐尾藻湿地构成。

本工艺需要对畜禽养殖废水进行厌氧生物处理，以降低资源化利用风险这要求养殖企业至少具备厌氧反应池（如沼气池）预处理

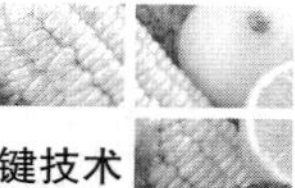

设施。经济条件好的养殖企业可进一步建成栅格、沉砂池及固液分离 3 种废水预处理设施。

养殖废水经过厌氧反应池（如沼气池）设施预处理后，进入稻草生物基质消纳系统以消减大部分化学需氧量和氮磷，再经过绿狐尾藻生态湿地消纳吸收水体氮磷，达到废水的达标排放。另外，通过绿狐尾藻生物质循环利用（如加工成青饲料喂猪、作为有机肥料还土等）和实行湿地水产养殖（养殖草鱼、花鲢、鲫鱼等）等途径，实现废水生态治理和氮磷废弃物的资源化利用。生态湿地工艺流程见图 3–15。

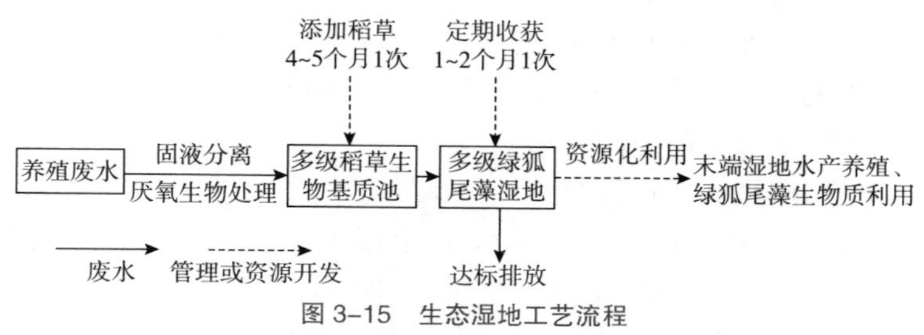

图 3–15　生态湿地工艺流程

（2）生态湿地工艺参数

①稻草生物基质消纳系统

稻草基质池容积参数每头猪 0.1 ～ 0.5 立方米。容积参数的选择根据可用土地面积及是否有厌氧处理设施来确定。例如，可用土地充足时，参数可取高值；有厌氧处理设施时，参数可略低，总原则是保证废水在基质池内的水力停留时间为 7 ～ 10 天。基质池工程建设和空间布设要求包括：

根据存栏猪头数确定基质池总容积大小，保证总容积大小的基础上可以由多个池子串联，基质池深度为 70 ～ 150 厘米，养殖废水通过跌水坎由上一级基质池向下一级流动。

基质池墙体和底部要求具有防渗功能，墙体厚度 26 ～ 28 厘米，底部为混凝土打底，厚度 18 ～ 22 厘米。

基质池的形状不限，圆形、方形或不规则形皆可，可依据实际地理情况确定基质池的空间布局。

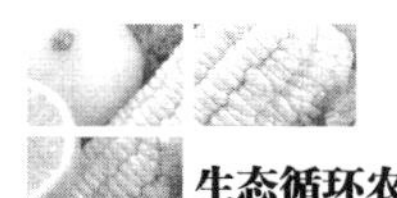

②绿狐尾藻湿地消纳系统

绿狐尾藻湿地面积参数每头猪 2 ～ 5 平方米，参数取值的原则是保障养殖废水在湿地系统内的水力停留时间为 60 ～ 70 天。绿狐尾藻湿地工程建设及空间布设要求包括：

湿地面积和深度：依据养殖规模确定绿狐尾藻湿地总面积，保证总面积不变的基础上可由多个绿狐尾藻湿地串联，湿地控制水深 40 ～ 80 厘米，若末端湿地养鱼时可深至 150 ～ 200 厘米。

各级湿地之间可以毗连，通过跌水坎由上一级湿地向下一级自流；也可隔开一定距离，由管道连接，上下级之间保持 10 ～ 20 厘米的落差，保证从上到下能够自流。

湿地的形状不限，方形、圆形或不规则形皆可，可依据实际地理情况确定基质池的空间布局。

③生态湿地系统运行与管理

在基质池建成以后，首先向其中添加稻草，一次性添加量为 30 ～ 50 千克 / 立方米，向基质池中逐渐放入经沼气厌氧发酵的废水（沼液），使其逐级向下流动（自流），保持废水（沼液）在稻草基质池中的滞留时间在 7 ～ 10 天，以后每 4 ～ 5 个月补充一次稻草。人工湿地内种植绿狐尾藻，正常运行条件下绿狐尾藻的覆盖度要达到 70% 以上，每 1 ～ 2 个月收割一次绿狐尾藻。

4. 生态湿地的优点

目前，国内规模化养殖企业常采用的末端废水处理技术，如“自然处理”“好氧 - 自然处理”等模式，存在的问题在于：人工湿地的植物选择及好氧塘和人工湿地面积参数不确定；来自厌氧或好氧处理后有机废水浓度过高，容易危害人工湿地的植物生长；出水口废水氮磷污染物难达标。

（1）优点

本技术优点在于：无须机械设备投入、不耗电，工程建设投资和运行成本少；可实现出水口养殖废水污染物（化学需氧量、氨氮、总氮及总磷）达标排放；通过绿狐尾藻生物质利用和实行湿地水产养殖，实现循环。

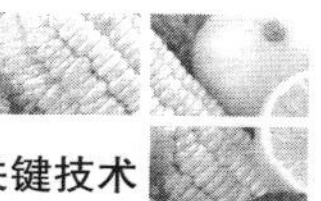

（2）创新点

本技术的创新点在于：发现了绿狐尾藻湿地是处理养殖污水中的化学需氧量、氮、磷等污染物，实现氮磷资源化利用的最佳生态系统，探明了绿狐尾藻湿地去除氮磷的机理；用稻草作为填料的生物基质池消除养殖废水中有害物质对绿狐尾藻生长的危害，解决了养殖废水环境下绿狐尾藻湿地不稳定的技术难题；明确了适应不同养殖规模的稻草生物基质池容积、绿狐尾藻湿地面积及水力停留时间三个关键工艺参数；开发了以绿狐尾藻青饲料加工及末端湿地水产养殖为主要模式的资源化利用技术。

【案例】

浙江绍兴某规模化养殖场，存栏猪 5 万头，采用生态湿地对养殖场沼液进行处理，2014 年 3–6 月末端出水水质均值：化学需氧量 43.2 毫克／升（河水 39.0 毫克／升）、氨氮 7.8 毫克／升（河水 12.8 毫克／升）和总磷 3.8 毫克／升（河水 2.0 毫克／升），平均消减率：95% ～ 99%。

第四节　农村生活污水处理

我国农村人口基数大，近年来随着农村生活水平的提高，用水量呈递增趋势，因此污水产量也越来越多。农村地区缺乏经济设施及技术人员，约 96% 的农村生活污水未经处理直接排放，大部分地区水质严重恶化，使得人们的健康受到一定影响，并且对环境造成严重的影响。农村生活污水的处理方式包括人工湿地、蚯蚓生物滤池、稳定塘、土地渗滤、膜生物反应器和生物生态组合工艺等，以下主要介绍农村生活污水人工生态湿地处理技术。

一、生活污水产生和特性

农村生活污水主要包括洗衣污水、餐余污水和厕所污水，农村发展水平和收入高低影响农户的污水排放量。大部分农村生活污水的水质变化较大，但基本上不含重金属等有害物质。对上海农村生

活污水测定分析的水质平均值见表 3–5。

表 3–5　上海农村生活污水水质特性

污水类别	污染物含量（毫克 / 升）			PH
	化学需氧量	氨氮	总磷	
洗衣污水	92.3	6.38	0.19	8.18
餐余污水	1263.4	32.16	0.60	8.08
厕所污水	1042.5	170.19	8.83	8.01

由此可见，厕所污水中化学需氧量（COD_{Cr}）、氨氮和总磷等污染物的含量都较高，其含量劣于《城镇污水处理厂污染物排放标准》（GB18918–2002）中的Ⅲ级水质标准；餐余污水化学需氧量和氨氮含量较高，可能与来自的大量食物残渣有关，均劣于 GB18918 中的Ⅱ级水质标准；而洗衣污水中的磷含量较低，可能与无磷洗涤剂的使用有关。各类农村生活污水的水质特性也将为农村生活污水处理设施的规划和设计提供依据。但是，目前还缺乏对农村三类生活污水量化指标的确定。

二、生活污水净化池处理

1. 生活污水处理工艺

本工艺中生活污水净化池是一个无动力处理系统，适用于分散式农户处理厨房、洗衣及水冲式厕所产生的污水，不包含畜禽养殖污水。生活污水净化池主要由四个格组成，第一格收集池主要作用是调节水量，同时在某种程度上也具有均匀水质和初沉的作用，可调节后续处理系统的用水量。第二格厌氧发酵池对污水中有机污染物进行有效降解。第三格为沉淀池，进一步沉淀除去污水中的悬浮颗粒物，防止后续人工湿地的堵塞。第四格为潜流人工湿地，利用植物 – 基质的吸附、吸收、转化等作用使污水进一步得到净化。下水道与污水净化池之间采用暗槽相连，并在入池处设置格栅（或初沉池）以隔除粗大颗粒物。农村生活污水净化池处理工艺流程见图 3–16。

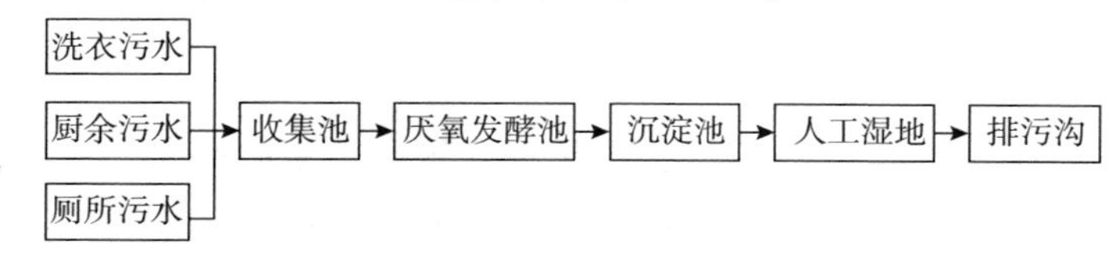

图 3–16　农村生活污水净化池处理工艺流程

2. 处理池选址

生活污水净化处理池应修建在房屋后面，并尽量靠近厨房和厕所。若出现区域村庄呈现大分散、小集中的格局，可选空旷区域构建联户处理池模式。

3. 设计

（1）处理池容积

$$V=Q\times T$$

式中，V为总有效容积（升），Q为农户日污水产生量（升／天），T为污水在池中滞留时间（天）。

（2）植物－土壤渗滤池表面积。

$$S=n\times K$$

式中，S为植物－土壤渗滤池表面积（米^2），n为农户人数（人），K为处理系数（与栽植植物种类有关，如栽植黄菖蒲、旱伞草、美人蕉，取值为0.45米^2）。

4. 有关技术要求

（1）雨污分离

将生活污水与屋檐雨水进行分离，其中农户生活污水利用管网汇集至生活污水净化系统处理，而屋檐雨水直接通过房前屋后的露天沟或暗排沟引入沟渠排放。

（2）构建模式

根据农户的居住特点，生活污水处理选择单户和联户两种模式，其中集中居住农户且房屋前后无空闲地，可采用联户模式。

（3）外形要求

外形以“目”字形为主要类型，若受地形限制，方可选择“品”字形、T形。

（4）构建要求

生活污水净化池的结构计算应遵守《混凝土结构设计规范》《建筑结构可靠性设计统一标准》中的有关规定，结构框架可采用钢筋混凝土整体浇注，也可采用砖混结构，其中钢筋混凝土标号不低于018级，砖混结构中砖采用实心水泥砖，各池连通采用直径为120毫

米的 PVC 管。在沉淀池盖板正中央加盖，便于清渣；厌氧发酵池要封闭；各池池底必须做防渗处理，对于池底土质好的，原土整实后，用 150 号混凝土直接浇灌池底 6 ～ 8 厘米。如遇土质松软和砂土的，先铺一层碎石，轻整一遍后用 1 ∶ 4 的水泥砂浆将碎石缝隙灌满，厚度为 4 ～ 5 厘米，然后再用水泥、砂、碎石按 1 ∶ 3 ∶ 3 的混凝土浇筑池底、混凝土厚度为 6 厘米。

（5）水位提升

若为平原区农村，地势较平坦，可在收集污水和出水时采用水泵提升水位，水泵运行模式为间歇式，可采用太阳能供电系统解决水泵长效运行。

5. 施工要求

生活污水设计图见图 3–17，按照《混凝土结构工程施工质量验收规范》等相关建筑施工标准执行。

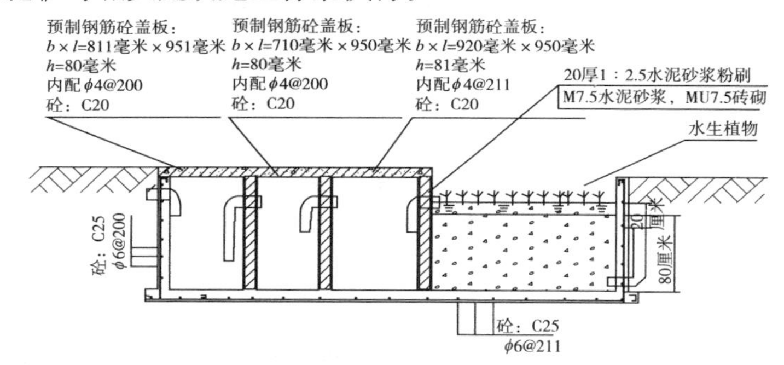

（注：b 为宽，l 为长，h 为厚度；Φ 为直径，@ 为间距）

图 3–17　农村生活污水净化池示例（单户，人数 3 ～ 5 人）

6. 运行管理

（1）生活污水净化池建好后，应先试水，观察池子是否有渗漏现象。如有渗漏，必须修补至不渗漏方可投入使用。渗漏检查方法是，将各池注满水，24 小时水位下降 1 厘米以内为不渗漏。

（2）处理系统在使用前，必须保证污水收集系统畅通。

（3）厨房、洗衣等废水在进入处理系统之前，应增加粗格筛，避免大的固体或悬浮物堵塞管道，同时可延长清渣时间。

（4）收集池每年要进行清淤，人工湿地的植物每年要进行收割。

7. 应用范例

对农村生活污水净化池处理系统（图 3–18）的出水水质检测，其对生活污水中的污染去除率有较好的效果：出水化学需氧量为 30 ～ 85 毫克 / 升，去除率 60% ～ 70%；出水总氮含量为 60 ～ 80 毫克 / 升，去除率为 60% ～ 65%；氨氮含量为 20 ～ 25 毫克 / 升，去除率为 60% ～ 65%；总磷含量＜ 2.5 毫克 / 升，去除率为 45% ～ 50%。

图 3–18　农村生活污水净化池处理系统

三、农村小规模生活污水集中生态湿地处理

农村生活污水通过净化池处理后，其污染物浓度还较高，需要进一步进行处理才能达到达标排放。同时，也可以结合农田面源污染，开展小流域农村生活污水和农田面源污染生态湿地综合治理。农村小规模污水生态湿地治理工艺流程图见图 3–19。

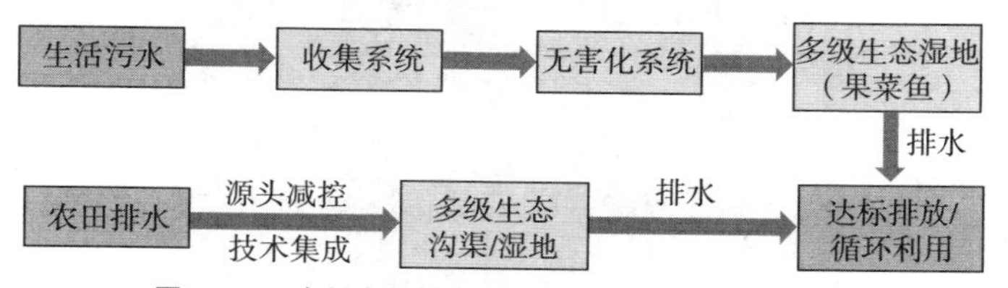

图 3–19　农村小规模污水生态湿地治理工艺流程图

【案例】

在长沙县开慧镇葛家山村开展的应用示范表明，收集了居民 23 户，存栏猪 1000 头。2013–2014 年的监测结果（图 3–20）各指标均值：化学需氧量 45 毫克 / 升、氨氮 2.1 毫克 / 升和总磷 0.58 毫克 / 升，总去除率 85% ～ 99%，出水水质接近到国

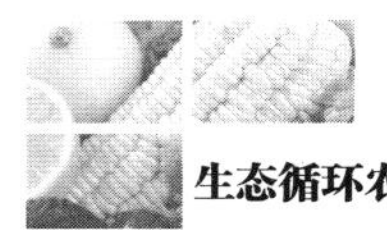

标Ⅳ类水质标准（GB 3838）。采用绿狐尾藻生态湿地处理畜禽养殖污水和农村生活污水后，得到的绿狐尾藻收割后经过粉碎、挤压脱水后，可制成发酵饲料等，实现资源化循环利用。

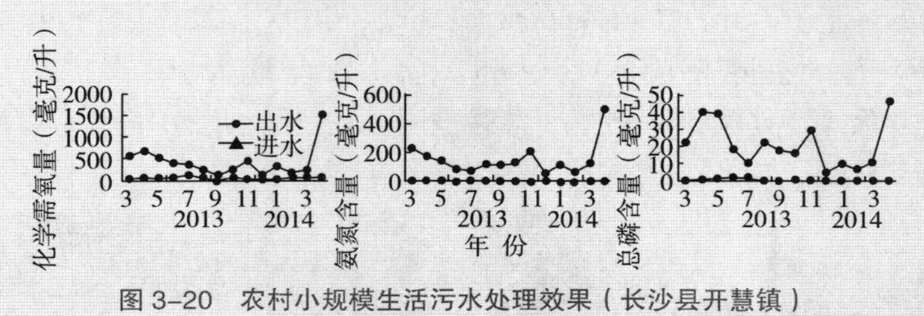

图 3-20　农村小规模生活污水处理效果（长沙县开慧镇）

【思考与探究】

农作物秸秆如何进行综合利用？

谈谈你学会哪些生活污水处理的方法。

【诗意田园】

乡村四月

【宋】翁卷

绿遍山原白满川，子规声里雨如烟。

乡村四月闲人少，才了蚕桑又插田。

第四章 现代种植业

【学习目标】

知识与能力目标

了解种植业育苗的生产流程；
掌握种植业设施栽培的方法；
掌握种植业无土栽培的方法；
掌握种植业有机栽培的方法；
掌握种植业机械化栽培的方法；
学习智慧农业和精准农业。

（图片来源：https://www.sohu.com/a/231257943_358963）

素质目标

能够将种植技术由经验向数据化、标准化和智能化转型，逐渐与二三产业融合。

【思政目标】

引导学生要坚持以种带养、以养促种、种养结合、产加配套、循环利用、持续发展的原则，研究制定产业规划，集成创新具有可操作性的绿色循环农业发展模式。

第一节 现代育苗

近年来，我国农业产业迅速发展，逐渐满足了人民对蔬菜、水果和苗木等数量、质量的要求。育苗是指在苗圃、温床或温室里培育幼苗，以备移植至土地里去栽种。育苗具有缩短田间生长时间，培育壮苗，节约用种等优点，在植物生产中广泛应用。现代农业育苗技术是指充分利用当代先进的农业育苗技术和设施，为植物幼苗提供适宜的生长环境，培育出苗龄适宜且符合生产或运输幼苗的技术。与传统小农户分散育苗相比，现代育苗技术实现了育苗设施化、机械化、智能化和技术的标准化，极大促进了农业产业的发展。

一、工厂化育苗

进入 21 世纪以来，随着规模化种植的不断扩大和种植技术水平的不断提高，越来越多的种植户使用工厂化成品苗。

工厂化育苗是指在人工控制的最佳环境条件下，充分利用自然资源和科学化,标准化技术指标,运用机械化、自动化、标准化的手段，使秧苗生产达到快速、优质、高产、高效率，成批而稳定的生产水平的一种育苗方式。与传统的育苗方式相比，工厂化育苗具有省工、省力、机械化生产效率高；节约种子和育苗场地；规范化管理；周年生产；缓苗期短和适宜机械移栽等优点。

目前我国育苗流程已基本实现从基质准备到精准播种以及嫁接的全机械化。并且在移栽前开发健壮苗的识别系统，能够有效剔除弱质苗，提高种苗的质量。同时在苗期管理中，借助物理网系统，育苗期间的管理也基本实现智能化、标准化管理。

1. 工厂化育苗的基本生产流程

虽然植物种类较多，但是其工厂化育苗的基本流程一致（图 4–1），其主要工作流程分为准备、播种、催芽、成苗培育、出苗等阶段。

2. 工厂化育苗设施设备

（1）工厂化育苗设施

工厂化育苗的设施主要分为播种室、催芽室、育苗室（温室）和附属用房等。播种室主要用于基质的准备、装盘、播种等。主要设备包括基质处理设备、装盘设备、播种设备。播种室一般与育苗室相连。催芽室具有良好的保温和隔热性能。育苗室是工厂化育苗的主要场所，需要满足植物发育所需的温度、光照、湿度和水分等。

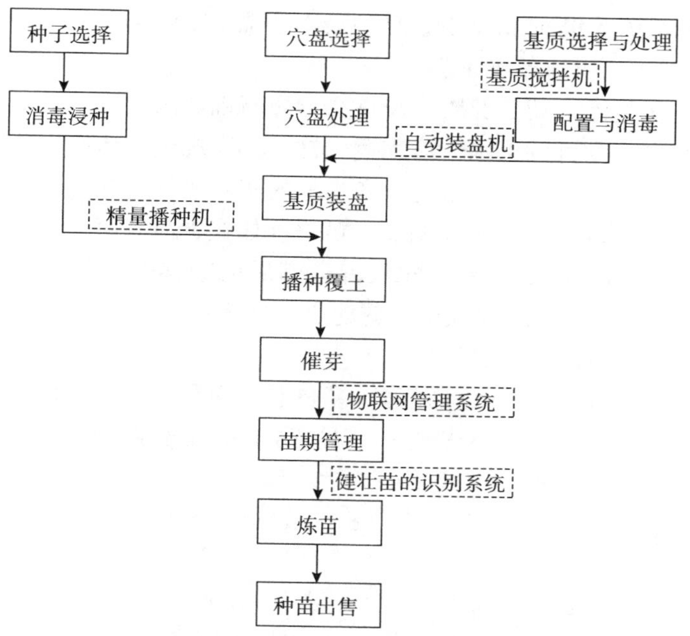

图 4-1　工厂化育苗流程

（2）工厂化育苗设备与生产线

工厂化育苗的设备主要包括基质处理设备、播种设备等。

①基质处理设备。主要是对基质进行粉碎和搅拌等处理。

②播种设备。播种设备根据其工作原理大致分为机械式、气力式和磁吸式 3 种。

3. 工厂化育苗规程

（1）品种选择与处理

蔬菜的种类和品种丰富，各地的消费习惯差异较大，应综合选择适宜当地生产和消费吸光的抗病优质高产的品种。具有包衣的种子可直接播种。没有包衣的种子可以进行一些处理，降低种子携带的病原菌，降低苗期病害发生的概率。

（2）穴盘选择与处理

根据蔬菜的种类和成苗标准选择适宜孔径的穴盘。实生苗如甜椒多采用 72 穴或 105 穴，黄瓜采用 72 孔，番茄多采用 105 穴，嫁接苗多采用 50 穴等。如果是使用过的旧穴盘，建议在使用前采用 2%

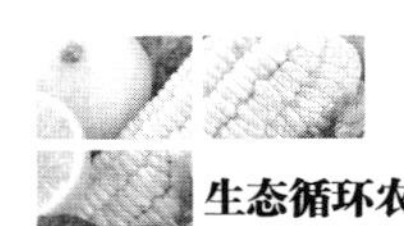

漂白粉溶液等浸泡30分钟，使用清水漂洗干净后使用。

（3）基质选择与处理

基质是保证幼苗健康生长重要物质基础。因此，一般对基质的要求是具有良好的保水性能和透气性。在大规模育苗使用前应该根据当地的气候条件，育苗对象和当地的实际条件对基质进行适当的筛选，以降低生产成本和调高壮苗率。如在青海省海东市，辣椒、黄瓜、番茄育苗基质夏季建议混合基质的最佳配比为草炭：蛭石=6：4；冬季建议混合基质的最佳配比为草炭：蛭石：珍珠岩=6：3：1。

（4）温度和光照管理

适宜的温度和光照是培育壮苗的重要条件之一。温度低，幼苗生长缓慢容易造成老小苗现象，温度高光照不足容易徒长。

【案例】

右江河谷番茄产业良种育苗服务标准化综合平台由广西科宏蔬菜育苗有限公司实施。该平台以农业农村部规划设计研究院设施农业研究所、广西大学农学院为技术支撑。右江河谷番茄产业良种育苗服务标准化综合平台是广西“南菜北运”示范基地重点实施项目、广西百色高新技术产业开发区重点建设项目。项目总规划用地300亩，建成后可年产茄果类、瓜类、叶菜类等蔬菜嫁接苗、自根苗2亿株以上，可满足右江河谷地区等广西区内主要蔬菜生产用苗，辐射广东、湖南、云南、贵州、四川、重庆等区外蔬菜产地。打造具有国际先进水平、广西最大的蔬菜智能化育苗基地。该项目集成了南方大棚节能降温、全自动播种、室外气象站及温室自动控制和监测系统等国内领先的智能化设施设备，创新高抗砧木品种选育、砧穗组合选配及高效节本嫁接新技术，突破高温季节嫁接成活率低、育苗成本高的核心关键技术，可初步实现夏季番茄嫁接苗大规模集约化生产。

二、嫁接

嫁接是把一种植物的枝或芽，嫁接到另一种植物的茎或根上，

使接在一起的两个部分长成一个完整的植株。嫁接对以无性繁殖果树的繁殖有着重要的意义，在果树中得到了广泛的应用。嫁接既能保持接穗品种的优良性状，增强植株的抗性。目前在蔬菜和果树嫁接苗也到了广泛的应用。同时蔬菜嫁接苗也有较高的经济效益，茄子、辣椒和番茄的嫁接苗价格均在 1 ～ 2 元 / 株，价格远远高于自根苗。蔬菜嫁接苗能够有效防治植株病害的发生，尤其是土传病害的发生，克服土壤的连作障碍，同时能够促进幼苗健壮生长，改善果实品质，延长采收期，增加产量。目前已经在茄子、番茄、辣椒、甜瓜、黄瓜、西瓜、葡萄、柑橘等植物上得到了广泛的应用。

1. 嫁接方法

嫁接的主要方法有插接法、靠接法及劈接法等。

（1）插接法

用刀片或竹签削除砧木的真叶及生长点，用与接穗下胚轴粗细相同、尖端削成楔形的竹签，从砧木一侧子叶的主脉向另一侧子叶方向朝下斜插深约 1 厘米，以不划破外表皮、隐约可见竹签为宜。将接穗的子叶节下 1 ～ 1.5 厘米处用刀片将其削成斜面长约 1 厘米的楔形面。然后将插在砧木的竹签拔出，随即将削好的接穗插入孔中，接穗子叶与砧木子叶呈“十”字状。

（2）靠接法

用刀片或竹签削除砧木的真叶及生长点，砧木切口选在第 2 片真叶和第 3 片真叶之间，切口由上到下角度 30° ～ 40° 切口长 1 ～ 1.5 厘米，宽为茎粗的 1 / 2，同时，在接穗和砧木切口相匹配的部位自下而上斜切，角度、长度、宽度同砧木切口，然后把接穗的舌形切口插入砧木的切口中，使两切口吻合，并用嫁接夹固定。

（3）劈接法

当砧木和接穗长到 5 ～ 6 片真叶时，用刀片横切砧木茎去掉上部，保留 2 ～ 3 片真叶，在砧木茎中间垂直劈开 1 厘米深的切口，然后将接穗苗拔下，保留 3 ～ 4 片真叶，削成楔形，楔形大小与砧木切口相当（1 厘米长），随即将接穗插入砧木的切口中，对齐后用特制的嫁接夹子固定好，并用特制的细竹签支撑，防止倒伏。

2. 嫁接的常用工具

常用的蔬菜和果树嫁接工具主要有刀片、嫁接刀、嫁接针、嫁接夹、嫁接套管和手工嫁接机等。

3. 嫁接苗的机械化

目前，嫁接也实现机械化操作，开发了一系列的嫁接机。嫁接机能够取代人工的手工操作，用机械臂快速地完成夹取、切削和接合动作，实现砧木和接穗的嫁接动作，而且嫁接速度快、成活率高。表 4–1 总结了部分嫁接机的性能。

表 4–1 蔬菜嫁接机的基本性能表

型号	2JC–350 型半自动嫁接机	2JC–450 型半自动嫁接机	2JC–500 型半自动嫁接机	2JC–600 型自动嫁接机	2JC–1000 A 型全自动嫁接机	MGM600 型全自动嫁接机	T600 型半自动嫁接机	ISO Graft 1200 型全自动嫁接机	ISO Graft 1100 型全自动嫁接机
研发者	东北农业大学	东北农业大学	东北农业大学	东北农业大学	东北农业大学	日本三菱公司	日本洋马公司	荷兰 ISO Group 公司	荷兰 ISO Group 公司
嫁接方式	插接法	插接法	插接法	插接法	插接法	贴接法	贴接法	平接法	贴平接法
嫁接对象	瓜科作物	瓜科作物	瓜科作物	瓜科作物	瓜科作物	茄科	瓜科	瓜、茄科作物	瓜、茄科作物
上苗方式	人工上苗	单株半自动上苗	单株半自动上苗	单株半自动上苗	自动上苗				
卸苗方式	人工卸苗	单株半自动卸苗	单株半自动卸苗	单株半自动卸苗	动自卸苗				
生产率	350 株 / 小时	450 株 / 小时	500 株 / 小时	600 株 / 小时	1000 株 / 小时	600 株 / 小时	600 株 / 小时	1050 株 / 小时	1000 株 / 小时
嫁接成活率	90%	90%	90%	90%	90%	90%	90%	90%	90%

4. 嫁接后的日常管理

蔬菜嫁接后的温度保持在 20 ～ 25℃，嫁接苗成活后按照植株的育苗方法常规管理即可。空气湿度是嫁接能否成功的关键。果树芽接后 15 天左右就可以检查成活情况，如果接芽湿润有光泽，叶柄一碰就掉，说明嫁接成活了。

【能量加油站】

关于嫁接

中国关于嫁接的早期记载见于《氾胜之书》，内有用 10 株瓠苗嫁接成一蔓而结大瓠的方法。《齐民要术》对果树嫁接中砧木、接穗的选择，嫁接的时期以及如何保证嫁接成活和嫁接的影响等有细致描述。在 6～13 世纪的几百年中，嫁接技术在牡丹、菊花等观赏植物和果树方面有很大发展。南宋时韩彦直在其著作《橘录》中赞美柑橘嫁接技术的神妙时称"人力之有参于造化每如此"。13 世纪，由于蚕桑的发展，桑树嫁接受到重视。17 世纪，王象晋在《群芳谱》中谈到嫁接和培养相结合可促进植物变异。到了清初，《花镜》等著作进一步肯定了嫁接在改变植物性状方面的效果。

三、组培苗快繁

组织培养技术的研究，始于20世纪40年代。我国虽然起步较晚，但发展很快，目前已在枣、核桃、苹果、葡萄、香蕉、菠萝等多个树种上开展了组培脱毒和苗木繁殖等工作。

组培苗是根据植物细胞具有全能性的理论，利用外植体在无菌和适宜的人工条件下，培育的完整植株。按外植体分，植物组织培养可分以下几类（表 4–2）。

表 4–2　植物组织培养的分类

类别	内容
胚胎培养	植物的胚胎培养，包括胚培养、胚乳培养、胚珠和子房培养，以及离体受精的胚胎培养技术等
器官和组织培养	器官培养是指植物某一器官的全部或部分或器官原基的培养，包括茎段、茎尖、块茎、球茎、叶片、花序、花瓣、子房、花药、花托、果实、种子等。组织培养有广义和狭义之分。广义：包括各种类型外植体的培养。狭义：包括形成层组织、分生组织、表皮组织、薄壁组织和各种器官组织，以及其培养产生的愈伤组织
细胞培养	细胞培养包括利用生物反应器进行的，旨在促进细胞生长和生物合成的大量培养系统和利用单细胞克隆技术促进细胞生长、分化直至形成完整植株的单细胞培养
原生质体培养	植物原生质体是被去掉细胞壁的由质膜包裹的、具有生活力的裸细胞

目前在生产中有两大应用方向，一是无性系的快速繁殖：如兰花等名贵品种的无性繁殖；二是培育无病毒种苗，如马铃薯、香蕉、

甘蔗、葡萄、桉树种苗。与常规的无性繁殖手段相比，组培苗快繁具有以下优点：生长周期短、繁殖系数大。植株较小，繁殖周期为20～30天，一个外植体在一年的时间内可以繁殖出几万甚至数百万的小植株。与传统的扦插，嫁接等技术相比，繁殖速度快、繁殖系数大；利于工厂化生产和自动化控制。培养条件人工可控，有利于集约化、工厂化和自动化控制生产，是未来农业工厂化育苗的发展方向；繁殖后代遗传稳定、整齐一致：组培快繁是无形繁殖技术，能够使后代遗传稳定，整齐一致，保持母本材料的优良经济性状；与脱毒技术相结合，生产脱毒苗。如马铃薯脱毒苗在生产中大量的成功应用。

虽然组培苗具有上述优点，但是其成本高，需要一定的技术和设施设备。由于不同植株的再生能力不一致，目前只有少部分植物能够实现组培苗的快繁，大部分植物尤其是木本植物的组培快繁还存在较大的技术难题。同时一些植物的再生植株变异较大，组培再生苗变异较大，如菠萝，阻碍了组培苗的推广应用。

1. 组培快繁车间的布局

组培快繁车间一般分为准备室、接种室、培养室和炼苗场，其按照一定的规律进行空间布局。准备室主要用于培养瓶的洗涤、培养基的配制、灭菌等操作。接种室主要放置超净工作台进行接种操作，一般要求空间密闭或者负压。培养室就要放置培养基，将接种后的材料进行培养。炼苗场主要是组培苗进行炼苗，使其能够适应外界环境条件，提高成活率。

2. 组培快繁的基本设备

组培快繁主要设备有洗瓶机清洗设备，灌装机分装设备，高压灭菌锅培养基灭菌设备，超净工作台无菌操作设备，组培架培养设备等基本设备。同时有手术刀、剪刀、小推车、酒精灯、灭菌器等小型设备。

第二节 设施栽培

设施农业是采用人工技术手段，改变自然光温条件，创造优化动植物生长的环境因子，使之能够全天候生长的设施工程。我国设

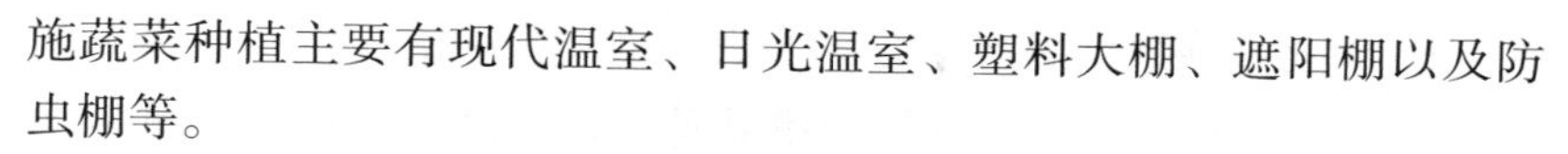

施蔬菜种植主要有现代温室、日光温室、塑料大棚、遮阳棚以及防虫棚等。

一、现代温室

现代温室通常称为连栋温室或者智能温室，以大型玻璃温室为主体，以无土栽培为主要种植方式，通过信号采集系统、中心计算机控制系统等，配备可移动天窗、遮阳系统、保温、湿窗帘、风扇降温系统、喷滴灌系统或滴灌系统、移动苗床等自动化设施，对空气温度、土壤温度、相对湿度、CO_2浓度、土壤水分、光照强度、水流量以及pH、EC值等参数进行实时监测调节，全年高产精细蔬菜、花卉等高附加值作物，从而实现农产品产量和品质大幅提升的高科技农业现代化项目。与传统温室大棚相比，智能大棚具有数据精准、采集科学、低碳节能、节省人工和经济效益及社会效益明显等优点已经在多种经济作物上得到了广泛的应用。

智能温室主要由两大部分组成，一是以连栋温室、数据采集器为主的硬件设备，二是数据收集、处理和控制软件系统。智能温室是物联网在农业中的典型应用。

二、日光温室

日光温室是节能日光温室的简称，又称暖棚，由两侧山墙、维护后墙体、支撑骨架及覆盖材料组成。是我国北方地区独有的一种温室类型。是一种在室内不加热的温室，通过后墙体对太阳能吸收实现蓄放热，维持室内一定的温度水平，以满足蔬菜作物生长的需要。

与现代温室相比较，日光温室具有节能、建筑费用低、技术容易掌握等优点，在我国北方尤其是山东寿光地区得到了成熟应用。日光温室的栽培对象也由蔬菜逐渐扩展到果树（图4-2）、花卉等经济作物上。日光温室与农业物联网相结合，也赋予了日光温室新的内涵和生命。

图 4-2　日光温室油桃种植

1. 选择品种

适宜日光温室大棚栽培的油桃品种，要求品种纯正、成熟早、产量高、品质好、果形大、外观美，生长紧凑，自花结实率高，抗逆性强。

2. 整地与栽植

栽植前平整好温室土地，按株行距为 1.0 米 ×1.5 米规划打点，挖苗穴，一般穴深 60 厘米、长 60 厘米、宽 60 厘米，生熟土分开，待太阳曝晒 7 天后，按每穴施腐熟的农家肥 10 ～ 15 千克、磷肥 1 千克的量，与土壤混合均匀后进行回填踏实，土表要高于其他地面。选择 1 年生健壮苗木，于 3 月上旬至 4 月中旬定植。栽植时要配置授粉树，一般主栽品种和授粉品种比例为 5 ∶ 1。定植时苗木嫁接口要略高于地面，栽后灌足水，并覆盖黑色地膜。

3. 整形修剪

为充分利用棚内空间，对新植桃树依所处位置定干整形。靠前面的 3 行采用开心形整形，定干高度为 30 厘米；后 3 行采用纺锤形整形，定干高度 50 ～ 70 厘米。对过密枝及直立新梢要随时疏除。到 7 ～ 8 月进行 2 次拉枝处理，使主枝开张角度达 60° ～ 70° 。为了促进枝条成熟，增加花芽量，于 7 月 25 日以后每隔 10 ～ 15 天，分别喷施 300 倍、250 倍和 150 倍多效唑溶液，抑制新梢生长。

桃树落叶后扣棚强迫休眠时，开心形选择方位好、开张角度适宜的 3 ～ 4 个枝条作主枝，对过密枝、交叉枝、竞争枝适当疏除。对过长副梢分枝适当短截。纺锤形在主干 30 厘米以上选择 5 ～ 7 个着生方位好、开张角度适宜的枝条做主枝，对过密枝、交叉枝、重叠枝、直立枝、竞争枝适当疏除。对主枝长度不足 1 米的适当短截，超过 1 米的拉平缓放。对中心干延长枝截留 50 ～ 60 厘米。

结果后修剪主要是更新复壮，调节生长与结果的关系，对衰弱结果枝组在健壮分枝处回缩，对强壮枝要拉平、环割，对直立枝、交叉枝、重叠枝等疏除或重短截。保持中心干上主枝分布均匀，结果枝组生长健壮，布局合理，交替进行结果。

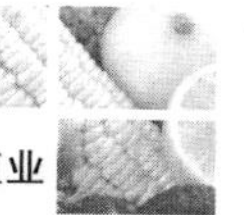

4. 肥水管理

定植当年在7月15日之前，以促进生长为主，施足底肥、灌足水，以氮肥为主。从5月10日开始每隔10～15天喷施1次叶面肥。从7月15日以后要控制肥水，抑制新梢生长，促进成花。主要措施是进行夏剪，用摘心、扭梢、拉枝、疏枝等方法控制新梢生长。另外，喷生长抑制剂2～3次。到9月上中旬结合深翻扩穴，每株施优质有机肥10～15千克、复合肥500～750克，以提高树体营养储备。进入结果后每年春季树体萌芽前施腐熟农家肥；开花前、幼果期施尿素、复合肥；果实膨大期施磷酸二氢钾；待落叶后至土壤封冻前再施1次腐熟农家肥，灌1次冬水。每次施肥后根据土壤情况和空气相对湿度适当灌水，在开花期及果实采收前20天严禁灌水。

5. 花果管理

（1）花期放蜂

在盛花期每栋温室放1箱蜜蜂，为促使蜜蜂出箱活动，可将3%白糖水放置出蜂口，并向树枝喷施糖水，诱蜜蜂出箱授粉。

（2）人工授粉

在主栽品种授粉前2～3天，在授粉树上采集大蕾期或即将开放的花朵，按常规制粉备用，在8：00～10：00授粉，随开随授，每隔1天授粉1次，花期反复授粉2～3次。

（3）疏果

花后15～20天开始疏果，一般16片叶留1个果，果实间距6～8厘米。疏去虫果，伤果、畸形果和小弱果，多保留侧生和向下着生的果实。

6. 防治病虫害

大棚油桃病虫害的防治应积极采取预防为主、综合防治的原则。冬季要彻底清园，对树干刷白并深翻土壤，以减少越冬害虫基数，扣棚后7天要给树体喷1次石硫合剂来预防病害。病害主要有细菌穿孔病、灰霉病，可选用45%甲基硫菌灵800～1000倍液、60%多菌灵600～800倍液来防治；主要害虫有蚜虫、红蜘蛛、桃潜叶蛾等，可选用20%螨死净可湿性粉剂2000倍液、2%阿维菌素乳油1000倍液来防治。

7. 温室内温、湿、光控制

（1）扣棚降温

当外界气温达到 7.2℃以下，开始扣棚降温。一般在每年 10 月 20 日以后。白天扣草苫，夜间揭开，使棚内温度保持在 -2.0 ～ 7.2℃，湿度 70% ～ 80%。早熟油桃可于 11 月下旬开始升温，一般降温时间 25 ～ 50 天。

（2）升温

果树通过自然休眠后开始升温，每天 8：30 ～ 9：00 揭开草苫，15：40-16：30 放草苫。第 1 周揭草苫 1/3，夜间覆上草苫；第 2 周揭 2/3，第 3 周后全部揭开草苫，夜间覆上草苫保温。此期间，白天温度控制在 13 ～ 18℃，夜间 5 ～ 8℃，湿度保持在 70% ～ 80%。

（3）开花期

白天 16 ～ 22℃，夜间 8 ～ 13℃，湿度 50% 左右。果实膨大期，白天 20 ～ 28℃，夜间 11 ～ 15℃，湿度 60%。果实采收期，白天 22 ～ 25℃，夜间 12 ～ 15℃，湿度 60%。

（4）增加光照

定期清扫棚膜，增加入射光；在后墙挂反光膜；提早揭帘和延晚盖帘；人工补光；加强生长季修剪，打开光路。

（5）补充气肥

加强通风换气和施用固体二氧化碳气肥，每栋施 40 千克，有效期 90 天，一般开花前 5 ～ 6 天施用。

三、简易防虫网栽培

现代温室等设施能够有效减少农药的使用，但是其前期建设成本较高，后期需要专业的管理技术，限制了其推广。中国热带农业科学院高建明博士带领的团队研发了一种新型简易防虫网，经过两年的试用表明，使用该防虫网种植叶菜、豆角等，在不打药的情况下，比不使用防虫网平均增产 50%，蔬菜没有虫眼、卖相好。防虫网的使用，可大幅度减少农药的使用量，有利于生态农业的发展，是无公害农产品生产体系中的关键技术之一。防虫网覆盖用于果树防霜冻、防暴雨、防落果、防虫鸟等，具有确保水果产量和品质、增加

经济收益的效果。

1. 防虫网覆盖的主要作用

（1）防病虫

防虫网覆盖后，阻隔了蚜虫、木虱、吸果夜蛾、食心虫、果蝇类等多种害虫的发生传播，可达到防止这些害虫危害的目的。尤其控制蚜虫、木虱等传毒媒介昆虫的危害，防控柑橘黄龙病、柑橘衰退病等病害的蔓延传播，以及防治杨梅、蓝莓等的果蝇类害虫，防虫网覆盖可发挥重要作用。

（2）防霜冻

幼果期和果实成熟期若处于冷冻和早春低温时节，易遭霜冻而造成冷害或冻害。采用防虫网覆盖，一是有利于提升网内温湿度，二是防虫网的隔离有利于防止果面结霜受伤，对预防枇杷幼果期霜害和柑橘果实成熟期冷害有明显的效果。

（3）防落果

杨梅果实成熟期正值夏季多暴雨天气，如选用防虫网覆盖，可减轻因暴雨引发的落果，尤其果实成熟期多雨水时防落果的效果更明显。

（4）延成熟

防虫网覆盖后有一定遮光作用，可使果实成熟期推迟 3 ～ 5 天。杨梅网式栽培的果实成熟期比露地栽培迟 3 天左右，蓝莓网式栽培的果实成熟期迟 5 ～ 7 天。

（5）防鸟害

樱桃、蓝莓和葡萄等易遭鸟害的水果，果实成熟期覆盖防虫网防鸟害的效果极为理想。

2. 防虫网覆盖的主要技术

（1）防虫网的选择

防虫网是一种新型农用覆盖材料，常用规格有 25 目、30 目、40 目、50 目等，有白色、银灰色等不同颜色，应根据各种不同果树应用防虫网覆盖的目的，选择不同类型的防虫网，一般以防虫为目的，选用 25 目白色防虫网，以防霜冻、防落果、防暴雨等为目的，可选用 40 目白色防虫网。

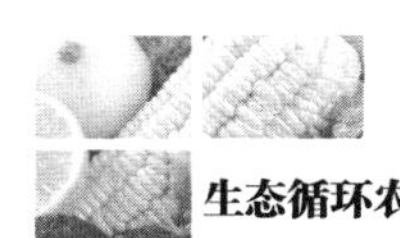

（2）防虫网的覆盖方式

分棚式和罩式2种。棚式是将防虫网直接覆盖在棚架上，四周用泥土和砖块压实，棚管（架）间用卡槽扣紧，留大棚正门揭盖，便于进棚操作管理，主要适合蓝莓、杨梅等高价值水果栽培的应用。罩式是将防虫网直接覆盖在果树上，内用竹片支撑，四周用泥土按实，可单株或多株，单行或多行，全部用防虫网覆盖，操作简便，大大节省网架材料和节约投资，缺点是操作管理不便，这种方式适合短期、季节性防霜冻、防暴雨、防鸟害等，如柑橘果实成熟期和枇杷幼果期的防霜冻，杨梅、蓝莓成熟期的防果蝇和防鸟害等。

（3）防虫网的覆盖时间

根据不同水果防虫网覆盖的目的和要求，确定相应的防虫网覆盖时间。柑橘果实成熟期的防霜冻，要求在霜冻（冷空气）来临前覆盖防虫网，一般在10月底或11月初开始覆盖。杨梅果实成熟期为防果蝇和防暴雨等，一般在果实成熟前1个月开始覆盖防虫网，即5月上中旬。

（4）防虫网覆盖的管理

防虫网覆盖前，尤其是罩式覆盖，果园要全面做好施肥、病虫防治等各项田间管理工作。覆盖期间，密封网室四周压实，棚顶及四周用卡槽扣紧，如遇六级以上大风，需拉上压网线以防掀开。平时进出大棚要随手关门，以防害虫飞入棚内，并经常检查防虫网有无撕裂口，一旦发现，要及时修补。如防虫网用于防果实霜冻，在霜冻前，要将防虫网与果实隔开，以避免因果实紧贴防虫网造成霜害损失。覆盖结束后，要及时用水清洗防虫网，待晾干后入库储藏，以备重复使用。

第三节　无土栽培

无土栽培是指以水、草炭或森林腐叶土、蛭石等介质作为植株根系的基质固定植株，植物根系能直接接触营养液的栽培方法。与传统的栽培方式相比，无土栽培具有以下优点。

1. 节水、省肥、高产

无土栽培中作物所需的各种营养元素是人为配制成营养液施用的，水分损失少，营养成分保持平衡，吸收效率高，并且是根据作物种类以及同一作物的不同生育阶段，科学地供应养分。因此，作物生长发育健壮，生长势强，可充分发挥出增产潜力。

2. 清洁、卫生、无污染

土壤栽培施有机肥，肥料分解发酵，产生臭味污染环境，还会使很多害虫的卵滋生，危害作物，而无土栽培施用的是无机肥料，不存在这些问题，并可避免受污染土壤中的重金属等有害物质的污染。

3. 省工省力、易于管理

无土栽培不需要中耕、翻地、锄草等作业，省力省工。浇水追肥同时解决，并由供液系统定时定量供给，管理方便，不会造成浪费，大大减轻了劳动强度。

4. 避免连作障碍

在蔬菜的田间种植管理中，土地合理轮作、避免连年重茬是防止病害严重发生和蔓延的重要措施之一。而无土栽培特别是采用水培，则可以从根本上解决这一问题。

5. 不受地区限制、充分利用空间

无土栽培使作物彻底脱离了土壤环境，不受土质、水利条件的限制，地球上许多沙漠、荒原或难以耕种的地区，都可以采用无土栽培方法。摆脱了土地的约束，无土栽培还可以不受空间限制，利用城市废弃厂房、楼房的平面屋顶种菜、种花，都无形中扩大了栽培面积。

6. 有利于实现农业现代化

无土栽培使农业生产摆脱了自然环境的制约，可以按照人的意志进行生产，所以是一种受控农业的生产方式。较大程度地按数量化指标进行耕作，有利于实现机械化、自动化，从而逐步走向工业化的生产方式。

一、基质栽培

基质栽培的特点是栽培作物的根系有基质固定。它是将作物的根系固定在有机或无机的基质中，有机的基质有泥炭、稻壳、树皮等，无机的基质有蛭石、珍珠岩、岩棉、陶粒、沙砾、海绵土等，通过滴灌或细流灌溉的方法，供给作物营养液。基质栽培在大多数情况下，水、肥、气三者协调，供应充分，设备投资较低，便于就地取材，生产性能优良而稳定；缺点是基质体积较大，填充、消毒及重复利用时的残根处理，费时费工，困难较大。基质栽培在生产中已经得到了广泛的应用，如番茄、黄瓜等。

二、水培

水培是指不借助基质固定根系，使植物根系直接与营养液接触的栽培方法。主要包括深液流水栽培（deep flow technique，DFT）、营养液膜栽培（nutrient film technique，NFT）和浮板毛管栽培（floating capillary hydroponics，FCH）。目前，已经在生菜、番茄等多种蔬菜种植中取得成功，并且已经形成了产业（图 4-3）。

图 4-3　水培蔬菜

（图片来源：https://www.sohu.com/a/348337831_100663）

三、雾培

雾培又称气培或气雾培，是利用过滤处理后的营养液在压力作用下通过雾化喷雾装置，将营养液雾化为细小液滴，直接喷射到植物根系以提供植物生长所需的水分和养分的一种无土栽培技术。气雾培是所有无土栽培技术中根系的水气矛盾解决得最好的一种形式，能使作物产量成倍增长，也易于自动化控制和进行立体栽培，提高温室空间的利用率。但它对装置的要求极高，大大限制了其推广利用，目前，主要用于观赏以及马铃薯微型薯诱导。

四、立体栽培

立体栽培也叫垂直栽培，是立体化的无土栽培，这种栽培是在

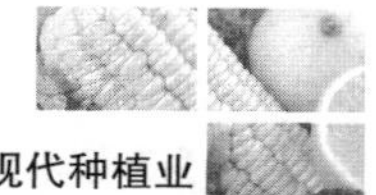

不影响平面栽培的条件下，通过四周竖立起来的柱形栽培或者以搭架、吊挂形式按垂直梯度分层栽培，向空间发展，充分利用温室空间和太阳能，提高土地利用率 3 ～ 5 倍，可提高单位面积产量 2 ～ 3 倍。同时，不同植物立体栽培具有很强的观赏性。

图 4–4　草莓的立体栽培

（来源：https://www.sohu.com/a/336211350_567506）

利用设施将其在空间中错开，对同一种作物进行立体栽培。如草莓立体栽培（图 4–4）、蔬菜立体栽培。

利用植物对光照的不同需求，在同一垂直立体空间种植不同植物。在上部种植喜光、喜温植物，在中下部种植喜阴喜凉植物（图 4–5）。

图 4–5　不同植物的立体栽培

（图片来源：http://www.tz1288.com/supply_view_148470753.html）

五、植物工厂

植物工厂是通过设施内高精度环境控制，实现农作物周年连续生产的高效农业系统，是利用智能计算机和电子传感系统对植物生长的温度、湿度、光照、CO_2 浓度以及营养液等环境条件进行自动控制，使设施内植物的生长发育不受或很少受自然条件制约的省力型生产方式。植物工厂已经脱离了阳光、土壤和大气，在近乎完全人工创造的环境中种植作物。植物工厂是现代设施农业发展的高级阶段，是一种高投入、高技术、精装备的生产体系，集生物技术、工程技术和系统管理于一体，使农业生产从自然生态束缚中脱离出来。按计划周年性进行植物产品生产的工厂化农业系统，是农业产业化进程中吸收应用高新技术成果最具活力和潜力的领域之一，代表着未来农业的发展方向（图 4–6）。

2009 年 9 月 7 日，国内第一例以智能控制为核心的植物工厂研

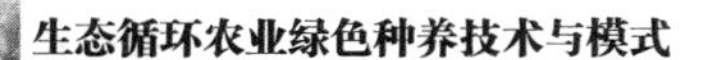

发成功，并在长春农博园投入运行，该植物工厂的研制成功，标志着中国在设施农业高技术领域已取得重大突破，成为世界上少数几个掌握植物工厂核心技术的国家之一，将对中国现代农业的发展产生深远的影响。

图 4-6 植物工厂
（图片来源：https://www.sohu.com/a/348337831_100663）

关于植物工厂的分类，因所持的角度不同，其划分方式也各异。

（1）从建设规模上可分为大型（1000 米以上）、中型（300 ～ 1000 米）和小型（300 米以下）3 种。

（2）从生产功能上可分为植物种苗工厂和商品菜、果、花植物工厂，还有一部分大田作物、食用菌等。

（3）从其研究对象的层次上又可分为以研究植物体为主的狭义的植物工厂、以研究植物组织为主的组培植物工厂、以研究植物细胞为主的细胞培养植物工厂。

（4）按光能的利用方式不同来划分，共有 3 种类型，即太阳光利用型（简称太型）、人工光利用型或者叫完全控制型（简称完型）、太阳光和人工光并用型（综合型）。其中，人工光利用型被视为狭义的植物工厂，它是植物工厂发展的高级阶段。

广义上来说，植物工厂分为温室型半天候的植物工厂和封闭式全天候的植物工厂，包含了豆芽菜、蘑菇、萝卜缨等的生产工厂；半自动控制的温室水耕系统；种苗繁育系统或人工种子生产系统。

【种养小课堂】

植物工厂技术的突破将会解决人类发展面临的诸多瓶颈，甚至可以实现在荒漠、戈壁、海岛、水面等非可耕地，以及在城市的摩天大楼里进行正常生产。利用取之不尽的太阳能和其他各种清洁能源，加上一定的种子、水源和矿质营养，就可源源不断地为人类生产所需要的农产品。因此，植物工厂被认为是 21 世纪解决粮食安全、人口、资源、环境问题的重要途径，也是未来航天工程、月球和其他星球探索过程中实现食物自给的重要手段。近年来，我国特色经济作物，如棉花、油菜、花生、甘蔗、甜菜等种植面积逐年降低，这与环境污染、耕地减少有很大的关系，今后，通过植物工厂技术的运用，可以在更加恶劣的环境进行作物种植，将促进特色经济作物的发展。

第四节　有机栽培

一、有机农场

有机农业的概念于20世纪20年代首先在法国和瑞士提出。从80年代起，随着一些国际和国家有机标准的制定，一些发达国家才开始重视有机农业，并鼓励农民从常规农业生产向有机农业生产转换，这时有机农业的概念才开始被广泛接受。尽管有机农业有众多定义，但其内涵是统一的。有机农业是一种完全不用人工合成的肥料、农药、生长调节剂和家畜饲料添加剂的农业生产体系。

有机农场主要是指在无化学用品（如农药、化肥、激素以及其他人工添加剂）的参与下，进行蔬菜、水果种植的地域。农场以科学化管理为标准，天然绿色为理念进行水果蔬菜种植。

现代农业的发展所导致的众多环境问题越来越引起人们的关注和担忧。20世纪30年代英国植物病理学家霍华德（Howard）在总结和研究中国传统农业的基础上，积极倡导有机农业，并在1940年写成了《农业圣典》一书，书中倡导发展有机农业，为人类生产安全健康的农产品——有机食品。

【能量加油站】

有机食品

有机食品是现如今国标上对无污染天然食品比较统一的提法。有机食品通常来自有机农业生产体系，根据国际有机农业生产要求和相应的标准生产加工的，通过独立的有机食品认证机构认证的一切农副产品，包括粮食、蔬菜、水果、奶制品、畜禽产品、蜂蜜、水产品等。目前，经认证的有机食物主要包括一般的有机农作物产品，如粮食（包括有机大米、有机小米、有机五彩豆、有机荞麦、有机

绿豆、有机黄豆、有机红小豆、有机黑豆、有机玉米糁等）、水果（包括有机草莓、有机苹果等）、蔬菜（包括有机生菜、有机番茄、有机黄瓜等）、有机茶产品、有机食用菌产品、有机畜禽产品、有机水产品、有机蜂产品、采集的野生产品以及用上述产品为原料的加工产品。国内市场销售的有机食品主要是蔬菜、大米、茶叶、蜂蜜等。随着人们环保意识的逐步提高，有机食品所涵盖的范围逐渐扩大，它还包括纺织品、皮革、化妆品、家具等。有机食品需要符合以下标准。

（1）原料来自有机农业生产体系或野生天然产品。

（2）产品在整个生产加工过程中必须严格遵守有机食品的加工、包装、储藏、运输要求。

（3）生产者在有机食品的生产、流通过程中有完善的追踪体系和完整的生产、销售档案。

（4）必须通过独立的有机食品认证机构的认证。

在现代特色经济作物的种植中，需要最大限度保持绿色生态种植，减肥减药，防止污染，运用各种防治技术，安全、经济、有效地将有害生物造成的损失控制在经济允许水平之下，有效减少农药用量和残留，促进绿色生态发展。

【种养小课堂】

问：有机肥的用量是不是越多越好?

答：农业生产中，由于有机肥料具有化学肥料不可替代的优越性，人们历来都十分注重有机肥生产和使用。但有些人认为有机肥施用量越多越好，这种观点并不正确。因为有机肥料与化学肥料一样，在农业生产中也存在计量施用的问题。如果有机肥的用量太多，不只是一种浪费，也可造成土壤障碍，影响作物生长，比如在保护地蔬菜生产中，若临时大量施用有机肥，也可导致土壤氮素过剩，从而引起蔬菜产品中的硝酸盐含量超标，影响人体健康。因此，生产中有机肥的施用量应根据土壤中各种养分及有机质的消耗情况合理使用，做到配方施肥。

二、社区支持农业

社区支持农业（Community Support Agriculture,CSA），是指社区把对农产品品质有较高要求的居民组织起来，与农场对接达成协议，农场对农产品生产做出承诺，社区保证消费，形成相互支持、共担风险、共享农产品收益的模式。社区支持农业的发展运行，使农场成为社区的农场，社区居民通过预付款加入农业成为会员，农场按照事先约定组织生产。待到农产品收获时，农场为社区居民定期配送或社区居民到农场现场采摘，实现社区居民与农场互惠互利、双方共赢（图 4-7）。

图 4-7　社区支持农业

社区支持农业具有中间环节少、成本低等优点，在促进农产品安全生产、减少农业生产环境污染、增加农民收入、拓展农村发展空间等多方面发挥着积极作用。

中华人民共和国成立后，粮食产量不断提高，从这一方面讲粮食的安全问题已不再严峻，但是各种农产品上残留的农药化肥等问题已经引起人们广泛的关注，人们迫切需求安全的农产品。

近几年，CSA 的概念被引进到国内，一些热心从事 CSA 事业的人建立起有机农场，但是 CSA 要在国内得到全面的发展不仅需要从事有机事业的这些热心人士和农场，还需要有此共识的社区和促进发展有机生活理念的 NGO（公益组织、志愿者）人士。CSA 在国内的发展还是初步阶段,要有更大的发展还需要有各方面不断的作出努力。

一些 CSA 的变形模式正在成长起来。基于便捷的交通与物流体系，同其合作的农场，不再仅仅局限于某一个小地方，而是来自全国各地的被称作为农作艺术家的专注于某一领域的生产者。消费者也加入保障食品安全的行列，可以作为农人星探，推荐优秀的生产者；还可以申请成为品牌特工，不定期去农场暗访，进一步确保品质。

近年来，中国在解决了温饱问题之后，食品安全已经成为问题社会顽疾，各类问题食品层出不穷。要解决这个问题，需要提供从

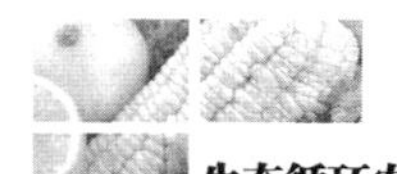

生产、批发、流通到终端一个完整链环的解决方案，涵盖生产标准、商业信誉、认证等一系列问题。

在这种背景下，基于互联网的社区支持农业（internet-based community support agriculture）开始起步，借助于风靡全国的开心农场和QQ农场的表现形式，结合社交网络和现实土地，以新的形式出现。商业公司一方面从农民手中有偿取得土地，一方面和有食品安全需求的消费者建立合作，通过互联网应用平台，在农民和消费者之间建立合作关系。

通过互联网应用平台，消费者可以进行以下操作。

（1）在线购买土地。

（2）在线挑选农民合作伙伴。

（3）指定种植方式。

（4）在线打理土地，远程安排农民翻地、施肥、播种、浇水、除虫、除草、治病、采摘等工作。

（5）与其他消费者进行经验交流和食品交换。

（6）在线配送下单。

（7）查看土地及时照片和实时视频。

（8）追溯配送食品的生产、流通历史记录。

要实现基于互联网的社区支持农业，要求经营公司具备绿色/有机农业、互联网、物流等方面的实力，而且规模投入较大，管理水平要求比较高，传统的农场要想进行这方面的经营还不是一件容易的事情，主要是自身的管理水平需要提高，技术实力需要提高。

目前，国内已有公司推出此类服务的农场，提供了集电子商务，在线种地、物流、有机种植等于一体的平台。

三、病虫害生物防控

生物防控就是利用一种生物抑制另外一种生物的方法。它利用了生物物种间的相互关系，以一种或一类生物抑制另一种或另一类生物，最大的优点是不污染环境。生物防控主要的措施是以虫治虫、以螨治螨、以菌治虫、以菌治菌，其可以与生物源农药、昆虫性外激素等生物制剂结合使用。

例如，茶叶病虫害全程绿色防控体系是在充分掌握茶树生长习性、病虫发生规律以及绿色防控技术性能特点的基础上建立起来的绿色防控平台。与传统防治理念不同，它更加发挥茶园生态系统在病虫害防治中的作用，将病虫草害控制在经济危害水平之下。与传统的防治方式不同，它避免采用单一绿色防治技术措施，树立“天敌控制卵，微生物和植物源产品控制幼虫，化学信息素控制成虫”的全新理念。与传统的防治策略也不同，它摒弃“见虫才打，见病才防”的观点，充分发挥病虫害监测预报在防治中的作用，做到适时、适量用药，预防为主，综合治理。

1. 以虫治虫

利用果园害虫的寄生性和捕食性天敌控制果树害虫。丽蚜小蜂寄生白粉虱，赤眼蜂寄生卷叶蛾；捕食性天敌有瓢虫、草蛉、蜘蛛、捕食蜡等。蚜虫发生初期使用，释放异色瓢虫卵、幼虫或成虫进行防治，以傍晚释放为宜。

2. 以螨治螨

以螨治螨就是释放人工饲养的捕食螨来控制果树红蜘蛛、锈蜘蛛等害螨。可使用胡瓜钝绥螨等捕食螨防治叶螨。挂放时避开阳光直射和雷雨天气，以防影响捕食螨释放。以螨治螨可减少喷药次数，但单独用此方法难达到预期效果。如福建省农业科学院张艳璇研究员通过“以螨治螨”“以螨治虫”“以螨带菌治虫”，创办我国第一家捕食螨公司，开发了一系列的产品，在生产实践中取得了良好的效果。

3. 以菌治虫

以菌治虫又称微生物治虫。利用病原微生物防治害虫。自然生态系统中，昆虫的疾病是抑制害虫发生的一个重要因素。能致使昆虫疾病的微生物病原有细菌、真菌、病毒、原生动物、立克次氏体、线虫等，尤以前三类居多。

4. 以菌治菌

以菌治菌是利用自然界中的生防微生物（生防真菌、生防细菌和生防放线菌）抑制有害菌的繁殖。芽孢杆菌能产生枯草菌素、多

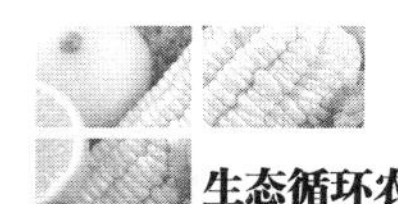

黏菌素、制霉菌素、短杆菌肽等活性物质，对土壤致病菌具有抑制抗生作用。

5. 生物源农药

目前，开发应用的生物源农药种类比较多，按其来源分为植物源农药、动物源农药、微生物源农药。常见的植物源农药有大蒜素、苦参碱、小檗碱、印楝素等；常见的动物源农药为性信息素等；常见的微生物源农药有阿维菌素、春雷霉素等。

第五节　机械化栽培

农业属于劳动密集型产业，随着人工成本的日益增加，劳动力成本将是制约我国农业发展的关键因素之一。农业未来的发展方向将由人工栽培为主向机械栽培为主。目前，正对玉米、水稻、小麦等主要粮食从播种到收获基本可以实现全程机械化，而蔬菜、果树等机械化相对不完善只能针对某些作物或者某些阶段实现机械化（表 4–3）。

表 4–3　主要的蔬菜机械

序号	名称	分类
1	动力机械	轮式拖拉机、手扶拖拉机、微耕机 / 田园管理机
2	种子处理机械	丸粒化机（种子包衣机）、播种带制备机
3	育苗机械	育苗播种机、蔬菜嫁接机
4	净园机械	前茬作物粉碎还田机
5	肥料撒施机械	有机肥撒施机械、颗粒肥撒施机械
6	耕翻机械	旋耕机 / 深耕机
7	起垄（或作畦、开沟）机械	—
8	种植（或铺膜、播种 / 移栽一体）机械	—
9	节水灌溉设备	喷滴灌设备 / 水肥一体机
10	中耕除草机 / 开沟培土机械	—
11	植保机械	包括化学防治、物理防治、生物防治机械设备
12	收获机械	叶菜土上无序收获机、叶菜土上有序收获机、叶菜土下收获机、块茎类蔬菜收获机
13	搬运机械	搬运车、设施内移动平台
14	收获后处理机械设备	蔬菜整理机、野菜清洗机、称量包装机
15	冷藏保鲜运输设施	蔬菜预冷机、低温保鲜库、冷藏运输车
16	蔬菜废弃物处理设备	—
17	土壤连作障碍修复改良（消毒杀菌灭虫）机械设备	深耕火焰杀灭机、蒸汽杀灭机、微波杀灭机

一、机械化耕地

我国耕整地机械化种类较多，从适合平原地区的大型拖拉机到

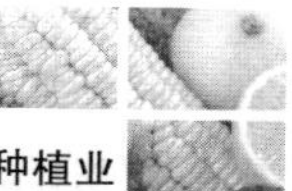

设施栽培的小型手扶式旋耕机，基本可以实现各种地形土壤的耕地机械化。

二、机械化播种

播种机根据播种方法可以分为撒播机、条播型、穴播型、精密型、联合型等。与人工播种相比，机械播种具有提高劳动效率，节约生产成本的优点。目前，适宜播种机播种的蔬菜品种有青菜等小粒种子的十字花科作物。

三、机械化移栽

移栽技术有提高蔬菜生长期间抗灾抗逆能力、提前作物的生育期、提高幼苗成活率、增强蔬菜品质、提高蔬菜产量等多种优点，目前我国已有60%以上的蔬菜品种采用育苗移栽。与人工移栽相比，机械播种具有提高劳动效率，节约生产成本的优点。能够使用机械化进行移栽的蔬菜有茄子、辣椒、番茄等茄科作物，甘蓝、白菜等十字花科作物。按照移栽机栽苗器的种类可分为鸭嘴式、钳夹式、挠性圆盘式、导苗管式、机械爪式（表4-4）。

表4-4　常见蔬菜移栽机

移栽机种类	机型
鸭嘴式移栽机	日本井关PVH1TC半自动移栽机、东风井关2ZY-2A乘坐式2行蔬菜移栽机、久保田2ZS-1C全自动蔬菜移栽机、青州华龙2ZBZ-2A型半自动乘坐式移栽机、鼎铎2ZB-2半自动移栽机、魏新华等人研制的穴盘苗全自动移栽机、新疆农业科学院等研制的2ZT－2型纸筒甜菜移栽机
钳夹式移栽机	美国玛驰尼克1000-2钳夹式双行半自动移栽机、法国Pearson全自动移栽机、荷兰MT移栽机、韩绿化等人研制的穴盘育苗移栽机两指四针钳夹式取苗末端执行器、山东华盛半自动移栽机、富来威2ZQ半自动移栽机
挠性圆盘式移栽机	日本久保田半自动大葱移栽机、德国PRIMA夹盘式移栽机、法国皮卡尔多移栽机
导苗管式移栽机	澳大利亚Willianmes等研制的全自动移栽机、中国农业大学研制的2ZDF型半自动导苗管式移栽机、山东工程学院研制的2ZG-2型移栽机、燕亚民等人研制的导苗管式烟草移栽机
机械爪式移栽机	日本洋马公司伊藤尚胜等人研制的取栽一体式PF2R全自动移栽机、中农机丰美2ZS-2型移栽机

各地方应该根据当地土壤、气候和蔬菜种类选择栽培机。在上海地区洋马PF2R全自动双行移栽机和意大利Hortech蔬菜移栽机适用于露地和连栋大棚蔬菜生产，井关PVHR2-E18移栽机适用于较

小田块和部分连栋大棚蔬菜生产，鼎铎 2ZB–2 移栽机对小型棚室具有一定的推广价值和优势。

四、机械化田间管理

与传统人工喷施农药相比，无人机喷施农药具有喷药效率高、防治效果好、综合成本低、对操作人员安全等优点，目前已经在多种作物上得到了应用。《我国到 2020 年农药使用量零增长行动方案》提出淘汰传统植保喷洒器具，推广新型高效植保机械，包括固定翼飞机、直升机、植保无人机等现代植保机械。目前，市场上常使用的植保无人机主要有零度公司“守护者 –Z10”农业植保无人机、汉和航空汉和 CD–15 型油动植保无人机，以及大疆 MG–1 农业植保无人机。同时，植保无人机也出现了专业化趋势，有专门的团队进行无人机植保操作。

五、机械化收获

与种植的其他环节相比，蔬菜机械化收获的研究相对落后。在欧美等发达国家，番茄、土豆、胡萝卜和洋葱等收获已经实现了全面的机械化，而黄瓜、菠菜、韭菜和甘蓝等部分实现了机械化收获。目前，蔬菜收割机的发展趋势为采收、整理和包装为一体，极大地节约了劳动力成本。表 4–5 为部分蔬菜收获机械。

表 4–5　蔬菜收获机械

机型	收获对象	研发单位
PT–K–2	甘蓝	马彻 – 韦尔德制造公司
芦蒿收获机	芦蒿	南京农业农村部农业机械化研究所、盐城市盐海拖拉机制造有限公司
金花菜收获机	金花菜	江苏大学、镇江市农业机械技术推广站
通用叶类蔬菜有序收获机	叶菜	南京农业大学工学院、农业农村部南京农业机械化研究所果蔬茶创新团队
SLIDE TW 型叶菜收获机	叶菜	意大利 HORTECH 公司
MT–200 型叶菜收获机	叶菜	韩国播蓝特蔬菜公司
HC290 番茄收获机	番茄	美国 Pik Rite 公司
3100 型黄瓜收获机	黄瓜	美国 Pik Rite 公司
Rapid T 甘蓝收获机	甘蓝	意大利 Hortech 公司
Slide ECO 收获机	鸡毛菜	意大利 Hortech 公司
STM–100 PU 型韭菜收获机	韭菜	丹麦 Asa–Lift 公司
Lide Valeriana Eco	莴苣、缬草	意大利 Hortech 公司

传统的人工水果采摘存在采摘效率低、易伤果、采摘成本高等

问题。果实采摘机械化不仅可以提高水果的采摘效率，同时不至于损伤果实。机械采摘可以分为3种类型，分别是阵摇式采摘、机械臂采摘和机器人采摘。

1. 阵摇式采摘

阵摇式采摘指借助机械的外力作用，使果树摇晃，给水果一个加速度，从而与枝头脱离，落下的果实由设在树下的帆布带式、V形双收集面式或倒伞式接果装置承接。优点是成本低，效率高，容易使用。缺点是会对果树损伤较大，有可能影响果树来年的结果，对果也会造成一定的损伤，一般用于加工用果品采收。

2. 机械臂采摘

机械臂采摘主要包括果实梗夹持剪切装置、控制装置及手持杆，通过手柄控制果实梗夹持剪切装置进行夹持和切断动作，果实梗切断后，继续紧握手柄，仍然可以保持对果实梗的夹持，并统一收集，在采摘过程中对枝、叶、果无任何损伤。通过更换不同连接杆的长度，调节机械手工作范围，可以对不同高度的果实进行采摘。

3. 机器人采摘

水果采摘的机器人一般是由5个部分组成的，分别是机械手臂、末端执行器、视觉识别装置、行走装置、中心控制系统。水果采摘机器人先通过彩色的摄像头与图像的处理器组成的视觉识别装置，根据成熟果实的颜色，识别是否为成熟的果实，识别之后，通过行走装置移动到目标点，行走装置具有4个轮子，可以在果园内部随意的移动，再使用末端执行器将果实抓住、吸紧，末端执行器由果实启动吸嘴和橡胶材质的手指组成。最后一步，是利用机械手臂中的腕关节的旋转将果实拧下来，或者利用机械手臂上的剪切装置将果柄剪断。机械人采摘自动化程度高、不伤害果实，但采摘速度较慢，目前用于草莓等易受损伤果实的采摘。

第六节　智慧农业和精准农业

一、智慧农业

农业具有对象多样，地域广阔，偏僻分散，远离都市社区，通

信条件落后等特点，因此，在多数情况下，农业数据信息的获取非常困难。党的十九大报告提出实施乡村振兴战略，开启了加快我国农业农村现代化的新征程。《乡村振兴战略规划（2018—2022年）》首次建立了乡村振兴指标体系，提出了推动城乡融合发展、加快城乡基础设施互联互通等政策举措。

近年来，伴随着互联网等新技术的加速涌现，物联网、云计算、大数据等技术运用到农业生产各环节，智慧农业应运而生。智慧农业就是将物联网技术运用到传统农业中去，运用传感器和软件通过移动平台或者电脑平台对农业生产进行控制，使传统农业更具有“智慧”。除了精准感知、控制与决策管理外，从广泛意义上讲，智慧农业还包括农业电子商务、食品溯源防伪、农业休闲旅游、农业信息服务等方面的内容。智慧农业是将农业生产、销售等产业链看成是一个有机的整体，将信息技术综合、全面、系统的应用到农业系统的各个环节，是信息技术在农业中的全面应用。

农业物联网，即通过各种仪器仪表实时显示或作为自动控制的参变量参与自动控制中的物联网。可以为温室精准调控提供科学依据，达到增产、改善品质、调节生长周期、提高经济效益的目的。农业物联网一般应用是将大量的传感器节点构成监控网络，通过各种传感器采集信息，以帮助农民及时发现问题，并且准确地确定发生问题的位置，这样农业将逐渐地从以人力为中心、依赖于孤立机械的生产模式转向以信息和软件为中心的生产模式，从而大量使用各种自动化、智能化、远程控制的生产设备。

大棚控制系统中，运用物联网系统的温度传感器、湿度传感器、pH传感器、光照度传感器、CO_2传感器等设备，检测环境中的温度、相对湿度、pH、光照强度、土壤养分、CO_2浓度等物理量参数，保证农作物有一个良好的、适宜的生长环境。远程控制的实现使技术人员在办公室就能对多个大棚的环境进行监测控制。采用无线网络来测量获得作物生长的最佳条件。

1. 基本介绍

随着世界各国政府对物联网行业的政策倾斜和企业的大力支持和投入，物联网产业被急速的催生，根据国内外的数据显示，物联

网从 1999 年至今进行了极大的发展渗透进每一个行业领域。可以预见将来越来越多的行业领域以及技术、应用会和物联网产生交叉，向物联方向转变优化已经成为时代的发展方向，物联网的发展，科技融合的加快（图 4–8）。

物联网被世界公认为是继计算机、互联网与移动通信网之后的世界信息产业第三次浪潮。其是以感知为前提，实现人与人、人与物、物与物全面互联的网络。在这背后，则是在物体上植入各种微型芯片，用这些传感器获取物理世界的各种信息，再通过局部的无线网络、互联网、移动通信网等各种通信网络交互传递，从而实现对世界的感知。

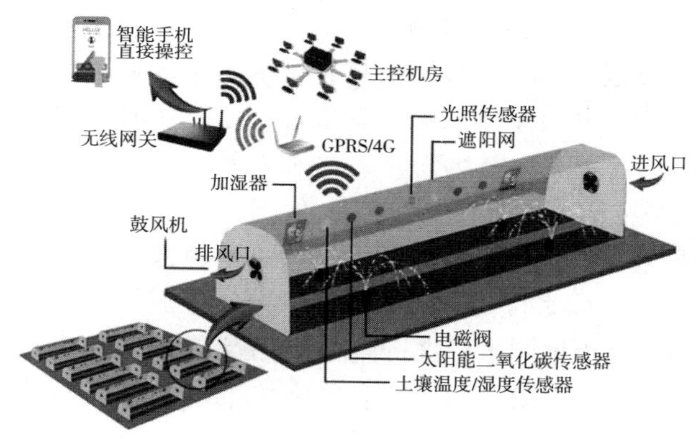

图 4–8　农业物联网平台

传统农业，浇水、施肥、打药，农民全凭经验、靠感觉。如今，设施农业生产基地，看到的却是另一番景象：瓜果蔬菜浇水、施肥、打药，保持精确的浓度、温度、湿度、光照、CO_2 浓度等一系列作物在不同生长周期曾被“模糊”处理的问题，都有信息化智能监控系统实时定量“精确”把关，农民只需按个开关，做个选择，或是完全听“指令”，就能种好菜、养好花。

在果树产业上，应用物联网技术，可以得到我国的果树产业在环境管理、果树生长管理、病虫害管理、溯源管理等方面的相应数据，然后经过 3 个层面的传输，最终得到关于果树生产的自动化控制操作。

（1）对环境的监测

果树生长环境中的光照、温度、土壤、水分、肥料等各方面的都会影响果树的生长。目前，通过环境监测传感器可实时监测果树生长环境中温度、湿度、光照强度、降水量、CO_2浓度等气象指标及土壤水分、温度、盐度、pH、EC值等土壤信息。

（2）对果树的监测

过去果树生长情况主要靠人工观察、测量，随着植物检测系统的研发，果树形态、叶面温度及湿度、径流速度、直径增长情况、果实生长情况等可直接通过传感器进行连续监测。

（3）对病虫害监测

果园病虫害监测系统包括孢子培养统计分析系统及虫情信息自动采集系统。孢子培养统计分析系统可在果园自动完成流动在空气中病菌孢子的定时采集，自动培养、成像，准确掌握果园病情孢子的发生、发展数据信息。虫情信息自动采集系统可对果园害虫完成自动诱杀处理，并对果园虫情自动成像、远程实时传输，掌握昆虫活动时间、活动种类和天敌数量。

（4）对生产的管理

果树产业在物联网技术上的应用存在着巨大的应用价值，尤其是在生产管理方面。目前，自动灌溉系统已应用到果树产业中，采用无线传感器对土壤的水分进行监测，然后将数据反馈到控制系统，灌溉系统的阀门根据监测的土壤水分数据自动开关。

（5）对果树产业源头的管理

由于人们生活水平的提高，人们对生活质量的要求也越来越高。在水果的层面上，人们也逐渐关注水果的质量和安全，为了追溯果树产业的源头，也可以利用物联网技术对此进行管理。

2. 原理

在计算机互联网的基础上，利用RFID、无线数据通信等技术，构造一个覆盖世界上万事万物的“internet of things”。在这个网络中，物品（商品）能够彼此进行“交流”，而不需人的干预。其实质是利用射频自动识别（RFID）技术，通过计算机互联网实现物品（商品）的自动识别和信息的互联与共享。

3. 步骤

（1）对物体属性进行标识，属性包括静态和动态的属性。静态

属性可以直接存储在标签中，动态属性需要先由传感器实时探测。

（2）需要识别设备完成对物体属性的读取，并将信息转换为适合网络传输的数据格式。

（3）将物体的信息通过网络传输到信息处理中心，处理中心可能是分布式的，如家里的电脑或者手机，也可能是集中式的，由处理中心完成物体通信的相关计算。

4. 优势

（1）科学栽培

经过传感器数据剖析可断定土壤适合栽培的作物种类，经过气候环境传感器能够实时收集作物成长环境数据。

（2）精准操控

经过布置的各种传感器，体系迅速依照作物成长的请求对栽培基地的温湿度、CO_2浓度、光照强度等进行调控。

（3）进步功率

与传统农业栽培方法不一样，物联网农业栽培方法根本完成体系主动化、智能化和长途化。比手工栽培模式更精准更高效。

（4）绿色农业

传统农业很难将栽培过程中的一切监测数据完好记录下来，而物联网农业可经过各种监控传感器和网络体系将一切监控数据保存，便于农产品的追根溯源，完成农业生产的绿色无公害化。

【案例】

企业内部种养结合型循环模式

桃源县济庆农牧业发展有限公司，位于湖南省常德市桃源县茶庵铺镇尚寺坪村。该公司是一个以生猪养殖为主，辅以经济林果、茶叶种植、渔业养殖、沼气能源开发的综合养殖企业。由1996年的个体生猪养殖场，发展成为占地近67公顷、年存栏母猪1200头、出栏肥猪26400头、鲜鱼2500多千克的养殖龙头企业。过去臭气冲天，粪污横流，如今空气清新、环境优雅，实现了和谐发展。

一是具备丰富的山地资源和农副产品资源，特色农产品如大葱、生姜、芝麻、甜叶菊等种植历史长，养殖业尤其黄牛养殖发展迅速，规模化养殖比重达50%。酿酒业、农副产品加工业较为发达。

二是当地政府及农牧部门重视支持农业结构调整和养殖产业发展，政府出台鼓励规模养殖的措施，协调引进有关联的企业加入，引导建立黄牛、养鹅、食用菌等各具特色农民专业协会，提供牛羊养殖、牧草种植、蘑菇种植、沼气池建设、饲料和肥料加工等技术服务。鼓励酿酒等企业开展清洁生产，发展循环经济。

三是有较为健全的农产品市场网络。销区市场是产区市场的延伸，临泉（安徽省）历史上就是蜚声南北的商旅集散地，近年来各类农产品专业交易市场不断涌现，是农产品市场现代化体系建设的重要环节，也是沟通产销联系的关键，成为“市场＋基地＋农户”组织形式的循环农业发展模式的重要因素。

二、精准农业

精准农业就是农作物本阶段需要什么给什么、需要多少给多少，改变了传统生产方式上给什么吃什么的种植习惯。相对于传统农业，精准农业最大的特点是以科学的管理技术结合农作物的生长特性，以最少的自然资源投入，换取最大的农业产出。其不过分强调高产，而主要强调效益。精准农业主要由八大系统组成（图 4–9）。其核心是建立一个完善的农田地理信息系统，是信息技术与农业生产全面结合的一种新型农业。

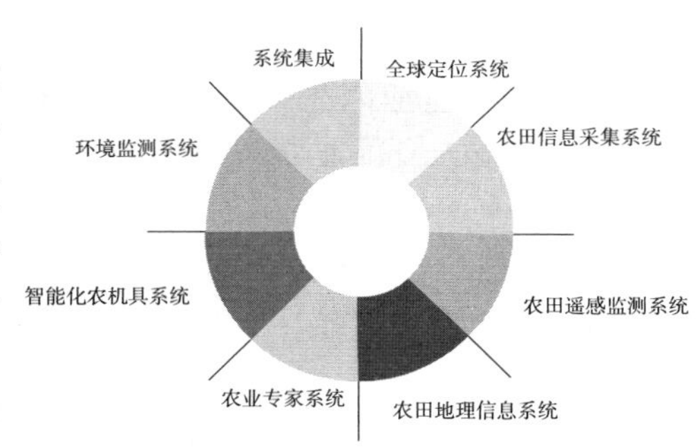

图 4–9　精准农业主要系统

精准农业主要体现在 5 个方面，即精准制导、精准变量施肥施药、精准变量播种、大数据和精准营养素应用。精准制导、大数据和精准营养素应用均是为精准变量施肥施药、精准变量

播种服务。由于受到天气条件等环境条件的影响，精准施肥施药在温室栽培中使用较多，在大田的应用相对较少。

精准变量施肥施药技术是依据农作物的生长状态、田间土壤的肥料利用率、病虫害发生情况和环境条件有针对性的施肥施药技术。其主要包括两大部分：一是施肥施药的机械，二是控制施肥施药的管理系统（表 4-6）。

表 4-6　国内开发的精准变量施肥控施药控制系统

系统	研发单位
中国土壤肥料信息系统	中国农业科学院土壤肥料研究所
小麦综合管理专家系统	北京市农林科学院作物研究所
变量施肥智能空间决策支持系统	河北农业大学人工智能研究中心

【思考与探究】

简述工厂化育苗的生产流程并画出流程图。

谈谈智慧农业的优势。

【诗意田园】

游山西村

【宋】陆游

莫笑农家腊酒浑，丰年留客足鸡豚。

山重水复疑无路，柳暗花明又一村。

箫鼓追随春社近，衣冠简朴古风存。

从今若许闲乘月，拄杖无时夜叩门。

第五章 现代生态畜禽养殖业

【学习目标】

知识与能力目标

掌握现代生态家畜养殖技术；

掌握现代生态家禽养殖技术；

掌握现代生态特色畜禽养殖技术。

（图片来源：http://www.cnstedu.cn/index/article/article_list.html?ar_id=381&cid=index）

素质目标

依靠科技创新和技术进步，不断提高畜禽良种化、养殖机械化水平和资源利用效率，全面提升畜禽现代生态养殖标准化水平，加快构建现低生态养殖体系。

【思政目标】

引导学生根据不同区域产业发展基础，建设生猪、鸡、牛等生态养殖基地。通过建基地、延链条、聚集群，布局建设发展绿色循环农业的重要节点，以点连线，形成绿色循环农业产业链。

第一节　现代家畜养殖

一、现代家畜养殖品种

1. 适合生态养殖的牛品种

（1）秦川牛

中国优良的黄牛地方品种，中国五大黄牛品种之一。体格大、役力强、产肉性能良好，因产于陕西省关中地区的“八百里秦川”而得名。

（2）南阳牛

南阳牛产于河南，是全国五大良种黄牛之一，其特征主要体现在体躯高大，力强持久，肉质细，香味浓，“大理石纹”明显，皮质优良。

（3）鲁西黄牛

鲁西黄牛是中国著名的“五大名牛”之一，又名山东膘肉牛，主产于山东梁山县，被毛呈棕红或浅黄色，以黄色居多，故名鲁西黄牛。其遗传性能稳定、挽力强、耐粗饲、宜管理、皮肤干燥富有弹性、役肉兼用而著称。

（4）延边牛

延边牛是东北地区优良地方牛种之一。延边牛产于东北三省东部的狭长地带，分布于吉林省延边朝鲜族自治州的延吉等地，延边牛是朝鲜与本地牛长期杂交的后代，也有蒙古牛的血缘。延边牛体质结实，抗寒性能良好，耐寒，耐粗饲，耐劳，抗病力强，适应水田作业。

（5）晋南牛

晋南牛产于山西省西南部汾河下游的晋南盆地，晋南牛是著名的地方良种黄牛之一。晋南牛属大型役肉兼用品种，体躯高大结实，以枣红色为主，鼻镜呈粉红色，蹄壁多呈粉红色，质地致密。

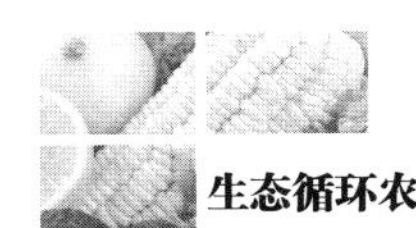

2. 适合生态养殖的羊品种

（1）滩羊

滩羊属蒙古羊系统，为著名裘皮用绵羊。主要分布在宁夏贺兰山区及其毗邻的半干旱荒漠草原和干旱草原。

（2）湖羊

湖羊是世界上唯一的多胎白色羔皮羊品种，主要分布于浙江、江苏等太湖流域。

（3）小尾寒羊

小尾寒羊是中国独有的品种，由绵羊和新疆细毛羊杂交育成，是全国绵羊优良品种之一，主要分布于山东、河北、河南、江苏等省部分地区。

（4）藏羊

藏羊主要分布在青藏高原，青海、西藏是主要产区。分布广，家畜中比重最大，是我国三大原始绵羊品种之一，具有抗严寒、耐粗饲、适应高海拔、体质强壮、行动敏捷、善于爬高走远的特点。

（5）阿勒泰羊

阿勒泰羊主要产于新疆北部的福海、富蕴、青河等县，是哈萨克羊种的一个分支，以体格大、肉脂生产性能高而著称。

（6）新疆细毛羊

新疆细毛羊是我国自行培育的第一个毛肉兼用细毛羊品种，产于新疆天山北麓。1954 年，被命名“新疆细毛羊”，近年被国家定名为“中国美利奴羊”。

（7）东北细毛羊

东北细毛羊是中国自行培育的第二个毛肉兼用细毛羊，原产东北地区，由斯大夫羊、苏联美利奴羊、新疆细毛等公羊与产地母羊杂交育成。体格结实健壮，耐粗饲，羊毛品质比较好，是一种毛肉兼用型新品种。

（8）贵州白山羊

贵州白山羊产于贵州，是贵州省优良地方肉用山羊良种，具有性成熟早、繁殖力强、适应性广、肉质优良、遗传性能稳定等特点。

3. 适合生态养殖的猪品种

（1）荣昌猪

荣昌猪是世界八大优良种猪之一，因原产于重庆市荣昌区而得名。荣昌猪现已发展成为我国养猪业推广面积最大、最具有影响力的地方猪种之一。

（2）金华猪

金华猪主产浙江义乌等地，因其头颈部和臀尾部毛为黑色，其余各处为白色，是我国著名的优良猪种之一。金华猪具有成熟早、肉质好、繁殖率高等优良性能，腌制成的“金华火腿”质佳味香，外形美观，蜚声中外。

（3）江苏淮猪

江苏淮猪主要分布在江苏北部徐州、淮安等东部沿海及鲁南地区，头部面额部皱纹浅而少呈菱形，嘴筒较长而直，耳稍大、下垂，体型中等，全身被毛黑色，较密，冬季生褐色绒毛。

（4）湖南宁乡猪

宁乡猪原产于湖南省宁乡市流沙河、草冲一带的土花猪，俗称流沙河猪或草冲猪。宁乡猪性情温顺，耐粗饲，早熟易肥，生长发育较快，蓄脂力强，脂肪分布均匀，肉细嫩鲜美，屠宰率较高。缺点是体格偏小，体质欠结实，其类型和毛色的遗传不够稳定等。

（5）东北民猪

东北民猪是华北猪种，在世界地方猪品种排行第4，作为一个种质资源，东北民猪本身具有其他很多猪种不具备的优点，以产仔量高，抗病强、耐畜饲、杂交效果显著。

（6）太湖猪

太湖猪是世界上产仔数最多的猪种，享有“国宝”之誉，无锡地区是太湖猪的重点产区。太湖猪属于江海型猪种，产于江浙地区太湖流域，是我国猪种繁殖力强、产仔数多的著名地方品种。

（7）陆川猪

陆川猪主要分布于广西壮族自治区，属华南猪种，是中国八大地方优良猪种之一。陆川猪短、宽、肥、圆，背腰宽广凹下，腹大

常拖地，毛色呈一致性黑白花，成熟早繁殖力高，母性好，遗传性能稳定，适应性广、耐粗饲并且抗病能力强，肉嫩味鲜。

二、现代家畜养殖技术

1. 牛的养殖技术

（1）牛的营养需求与饲料

现代化养牛就是按照和经济学原理，综合运用先进的畜牧、兽医、种植等学科最新技术成果，消化吸收再创新，以物质循环再生原理和物质多层次利用，在汲取传统农业的有效经验上，实现较少或无养殖废弃物的排放，提高资源利用效率的养殖生产模式。其作为一种环境友好型养殖方式，最主要的目的就是促使传统养殖业逐步摆脱对化学农药、化学肥料、抗生素等化学品的依赖以及自然环境的束缚，最大限度地提高畜牧业产量和减少使用其他有害化学品和污染物，是目前世界上高级别的牧业高效生产模式。

①养牛的营养需要

在养殖过程中，无论是奶牛还是肉牛，其营养需要主要包括能量、蛋白质、矿物质、维生素及水分等部分。

②能量需要

能量是动物维持生命活动及生长、繁殖、生产等所必需的，是动物的第一营养提供原料。畜牧业里养牛所需身体营养，主要来源于喂养的饲草料，日常食料中含有高蛋白、高糖分和脂肪，为牛的新陈代谢提供能量需求。

③蛋白质需要

蛋白质是动物机体维持正常生命活动所不可缺少的物质，牛皮、牛毛、肌肉、蹄、角、内脏器官、血液、神经、各种酶、激素等都离不开蛋白质。

④矿物质元素需要

矿物质元素是动物维持正常生长和繁殖功能所必需的营养物质。牛生长发育、繁殖、产肉、产奶、新陈代谢都离不开矿物质。现已确认牛所需的矿物元素有 20 多种。动物体内含量大于 0.01% 的为常量元素，包括钙、磷、钠、氯、钾、镁、硫等；动物体内含量少于 0.01%

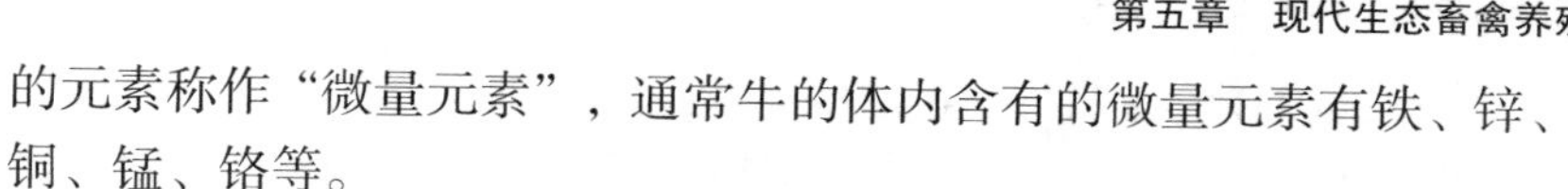

的元素称作“微量元素”，通常牛的体内含有的微量元素有铁、锌、铜、锰、铬等。

⑤维生素需要

维生素是化学结构不同、生理功能和营养作用各异的低分子有机化合物。尽管维生素不是构成牛组织器官的主要原料，也不是有机体能量的来源，牛每天的绝对需要量也很少，但却是牛维持体能需要所必需的营养物质。维生素包括维生素A、维生素C、维生素D、维生素E、维生素K和B族维生素，维生素A可以促进牛犊的生长发育，保护成年种牛的黏膜健康；维生素D可以促进牛体对钙和磷的吸收速率，体内缺少会造成牛犊发育不良，骨骼松软甚至瘫痪。

⑥水分需要

水是生命活动的基础，是动物机体一切细胞和组织必需的构成成分，动物机体内养分和其他营养物质在细胞内外的转运、养分的消化和代谢、消化代谢废物和多余热量的排泄、体液的酸碱平衡以及胎儿生长发育的液体环境，都需要水的参与。因此，水是牛最重要的营养素。

⑦粗饲料

粗饲料是指含有粗纤维较多、容积大、营养价值较低的一类饲料。通常喂养的有青干草、玉米秸秆、树叶、作物叶片。粗饲料的主要特点是资源广、成本低，是牛最廉价的饲料。

⑧青绿饲料

青绿饲料指物质中天然水分含量较高的植物性饲料，并且其中含有丰富的叶绿素。通常喂养牛的青绿饲料有种植绿草、天然牧草、嫩绿枝叶、田间杂草和水草等植物。青绿饲料具有品种齐全、来源广、成本低、采集方便、加工简单、营养丰富等优点，能很好地被家畜利用。

⑨青贮饲料

青贮饲料是指将新鲜的青饲料作物、牧草或收获籽实后的玉米秸秆等。包括一般青贮、半干青贮和外加剂青贮。青贮制作简便，成本低廉，各种粗饲料加工中保存的营养物质最高，是养牛业最主要的饲料来源。

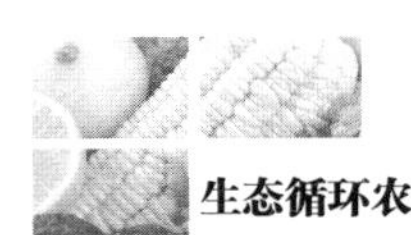

⑩能量饲料

能量饲料是指喂食的干物质中粗纤维含量低于 18%，并且粗蛋白质含量低于 20% 的饲料，主要包括谷实类及其加工副产品、块根块茎类和瓜果类及其他类。

（2）牛的饲养管理技术

①犊牛的饲养管理技术

犊牛一般是指从初生到断奶阶段（一般 6 月龄断奶）的小牛，这个阶段是牛生长发育最为迅速的时期。及时喂足初乳：初乳是指母牛分娩后 5 ～ 7 天内所分泌的乳汁。犊牛出生 7 天后开始训练其采食青干草，可将优质干草放于饲槽内或草架上任其自由采食。出生 1 周后即可训练其采食精料，精料应适口性好、易消化，并富含矿物质、微量元素和维生素等。补料方法是在喂奶后，将饲料抹在奶盆上或在饲料中加入少量鲜奶让犊牛舔食，喂量由少到多，逐渐增加，以食后不拉稀为原则。犊牛早期断奶技术：犊牛 2.5 ～ 3.0 月龄或日可采食精料 1 千克左右时即可断奶，3 月龄以前的犊牛生长速度快，5 月龄以后可换喂育成牛日粮，每日喂 2 千克左右，并让其自由采食粗饲料，尽可能饲喂优质青干草。

②育成牛的饲养管理技术

犊牛断奶至第 1 次配种的牛，统称为育成牛。此期间是生长发育最迅速的阶段，精心的饲养管理，不仅可以获得较快的增重速度，而且可使幼牛得到良好的发育。

★ 育成母牛的饲养管理。育成母牛的生长发育快，因而需要的营养物质较多，特别需要以补饲精料的形式提供营养，以促进其生长发育需要。6 ～ 12 月龄为母牛性成熟期，除给予优质的干草和青饲料外，还必须补充一些混合精料，精料比例占饲料干物质总量的 30% ～ 40%；12 ～ 18 月龄，育成牛的消化器官更加扩大，为进一步促进其消化器官的生长，其日粮应以青、粗饲料为主，其比例约占日粮干物质总量的 75%，其余 25% 为混合精料，以补充能量和蛋白质的不足；18 ～ 24 月龄，这时母牛已配种受胎，在此期间应以优质干草、青草或青贮饲料为基本饲料，精料可少喂甚至不喂。但

到妊娠后期，由于体内胎儿生长迅速，则须补充混合精料，日定额为2～3千克。如有放牧条件，育成牛应以放牧为主。在优良的草地上放牧，精料可减少30%～50%；放牧回舍，若未吃饱，则应补喂一些干草和适量精料。育成牛在管理上首先应与大母牛分开饲养，可以系留饲养，也可围栏圈养。每天刷拭1～2次，每次5分钟。同时要加强运动，促进肌肉组织和内脏器官，尤其是心、肺等呼吸和循环系统的发育，使其具备高产母牛的特征。配种受胎5～6个月后，母牛乳房组织处于高度发育阶段，为促进其乳房的发育，除给予良好的全价饲料外，还要采取按摩乳房的方法，以利于乳腺组织的发育，且能养成母牛温顺的性格。一般早晚各按摩1次，产前1～2个月停止按摩。

★ 育成公牛的饲养管理。公、母犊牛在饲养管理上几乎相同，但进入育成期后，二者在饲养管理上则有所不同，必须按不同年龄和发育特点予以区别对待。育成公牛的生长比育成母牛快，因而需要的营养物质较多，特别需要以补饲精料的形式提供营养，以促进其生长发育和性欲的发展。对育成公牛的饲养，应在满足一定量精料供应的基础上，令其自由采食优质的精、粗饲料。6～12月龄，粗饲料以青草为主时，精、粗饲料占饲料干物质的比例为55 ∶ 45；以干草为主时，其比例为60 ∶ 40。在饲喂豆科或禾本科优质牧草的情况下，对于周岁以上育成公牛，混合精料中粗蛋白质的含量以12%左右为宜。在管理上，育成公牛应与大母牛隔离，且与育成母牛分群饲养。留种公牛6月龄始带笼头，拴系饲养。为便于管理，达8～10月龄时就应进行穿鼻带环，用皮带拴系好，沿公牛额部固定在角基部，鼻环以不锈钢的为最好。牵引时，应坚持左右侧双绳牵导。对烈性公牛，需用勾棒牵引，由一个人牵住缰绳的同时，另一人两手握住勾棒，勾搭在鼻环上以控制其行动。肉用商品公牛运动量不易过大，以免因体力消耗太大影响育肥效果。对种用公牛的管理，必须坚持运动，上、下午各进行1次，每次1.5～2.0小时，行走距离4千米，运动方式有旋转架、套爬犁或拉车等。实践证明，运动不足或长期拴系，会使公牛性情变坏，精液质量下降，易患肢蹄病和消化道疾病等。但运动过度或使役过劳，牛的健康和精液质

量同样有不良影响。每天刷拭2次，每次刷拭10分钟，经常刷拭不但有利于牛体卫生，还有利于人牛亲和，且能达到调教驯服的目的。此外，洗浴和修蹄也是管理育成公牛的重要操作项目。

★ 妊娠母牛的饲养管理技术。母牛妊娠后，不仅本身生长发育需要营养，而且还要满足胎儿生长发育的营养需要和为产后泌乳进行营养蓄积。因此，要加强妊娠母牛的饲养管理，使其能够正常的产犊和哺乳。

★ 妊娠前期的饲养管理。母牛在妊娠初期，由于胎儿生长发育较慢，其营养需求较少，为此，日粮既不能过于丰富，也不能过于贫乏，应以品质优良的干草、青草、青贮料和根茎为主，视具体情况，精料可以少喂或不喂。一般按空怀母牛进行饲养。母牛妊娠到中后期应加强营养，尤其是妊娠最后的2～3个月，加强营养显得特别重要，这期间的母牛营养直接影响着胎儿生长和本身营养蓄积。如果此期营养缺乏，容易造成犊牛初生体重低，母牛体弱和奶量不足。严重缺乏营养，会造成母牛流产。舍饲妊娠母牛，要依妊娠月份的增加调整日粮配方，增加营养物质给量。对于放牧饲养的妊娠母牛，多采取选择优质草场，延长放牧时间，牧后补饲饲料等方法加强母牛营养，以满足其营养需求。在生产实践中，多对妊娠后期母牛每天补喂1～2千克精饲料。同时，又要注意防止妊娠母牛过肥，尤其是头胎青年母牛，更应防止过度饲养，以免发生难产。在正常的饲养条件下，使妊娠母牛保持中等膘情即可。

★ 妊娠后期的饲养管理。即妊娠第6～9个月，必须另外补加精料，每天2～3千克。按干物质计算，大容积粗饲料要占70%～75%，精料占30%～25%，但必须避免母牛过肥，以免发生难产。

★ 做好妊娠母牛的保胎工作。在母牛妊娠期间，应注意防止流产、早产，这一点对放牧饲养的牛群显得更为重要，要注意对临产母牛的观察，及时做好分娩助产的准备工作。

③养牛的育肥技术

牛的肥育方式一般可分为放牧肥育，半舍饲半放牧肥育、舍饲肥育3种。

★ 放牧肥育方式。放牧肥育是指从犊牛到出栏牛，完全采用草地放牧而不补充任何饲料的肥育方式，也称草地畜牧业。这种肥育方式适于人口较少、土地充足、草地广阔、降雨量充沛、牧草丰盛的牧区和部分半农半牧区。

★ 半舍饲半放牧肥育方式。夏季青草期牛群采取放牧肥育，寒冷干旱的枯草期把牛群于舍内圈养，这种半集约式的育肥方式称为半舍饲肥育。此法通常适用于热带地区，因为当地夏季牧草丰盛，可以满足肉牛生长发育的需要，而冬季低温少雨，牧草生长不良或不能生长。

★ 舍饲肥育方式。牛从出生到屠宰全部实行圈养的肥育方式称为舍饲肥育。舍饲的突出优点是使用土地少，饲养周期短，牛肉质量好，经济效益高。缺点是投资多，需较多的精料。适用于人口多，土地少，经济较发达的地区。

（3）牛的疫病防控技术

牛病的防治应坚持“预防为主，防重于治”的方针。实行科学的饲养管理，坚持防疫卫生制度，采取综合防治措施，是控制和消灭牛病的关键。

★ 建立严格消毒制度。消毒是消灭病原、切断传播途径、控制疫病传播的重要手段，是防治和消灭疫病的有效措施。

★ 建立合理的免疫接种程序。为了提高牛机体的免疫功能，抵抗相应传染病的侵害，需定期对健康牛群进行疫苗或菌苗的预防注射。

★ 疫情的应急处理。发生疫情时，应立即采取有效措施，制止传染病的蔓延和扩散，使损失减少到最低程度，并及时上报有关兽医部门。首先，对病牛、可疑病牛和假定健康牛进行分群隔离；其次，对污染场地、牛舍、工具、用具及所有养殖人员和兽医人员的衣物进行彻底严格的消毒。对牛粪、病死牛进行严格的无害化处理。

2. 羊的养殖技术

（1）羊的营养需求与饲料

①羊的营养需求

★ 能量需要。能量的作用是供给羊体内部器官正常活动、维持

羊的日常生命活动和体温。饲粮的能量水平是影响生产力的重要因素之一。能量不足，会导致幼龄羊生长缓慢，母羊繁殖率下降，泌乳期缩短，生产力下降，羊毛生长缓慢、毛纤维直径变细等。能量过高，对生产和健康均不利。

★ 蛋白质需要。蛋白质是含氮的有机化合物，它包括纯蛋白质和氢化物，总称为粗蛋白质。氨基酸是合成蛋白质的单位，构成蛋白质的氨基酸有 20 余种。蛋白质是重要的营养物质，它是组成体内组织、器官的重要物质。蛋白质可以代替碳水化合物和脂肪产生热能，也是修补体内组织的必需物质。饲料中的蛋白质进入羊的瘤胃后，大多数被微生物利用，组成菌体蛋白，然后与未被消化的蛋白质一同进入真胃和小肠，由酶分解成各种必需氨基酸和非必需氨基酸，被消化道吸收利用。

★ 矿物质需要。羊正常营养需要多种矿物质，它是体内组织、细胞、骨骼和体液的重要成分，并参与体内各种代谢过程。根据矿物质占羊体的比例，分为常量元素（0.01% 以上）和微量元素（0.01% 以下）。常量元素有钙、磷、钠、钾、氯、镁、硫等，微量元素有铜、钴、铁、碘、锰、锌、硒、钼等。

★ 维生素需要。维生素是具有高度生物活性的低分子有机化合物，其功能是控制、调节有机体的物质代谢，维生素供应不足可引起体内营养物质代谢紊乱。

★ 水的需要。水是羊体器官、组织和体液的主要成分，约占体重的一半。水是羊体内的主要溶剂，各种营养物质在体内的消化、吸收、运输及代谢等一系列生理活动都需要水。水对体温调节也有重要作用，尤其是在环境温度较高时，通过水的蒸发，保持体温恒定。

②羊的常用饲料

★ 青绿饲料。青绿饲料指天然水分含量高于 60% 的饲料，主要包括天然和人工栽培的牧草、青饲作物、叶菜类、树枝树叶、水生饲料等。

★ 粗饲料。粗饲料又叫粗料，指能量含量低、粗纤维含量高（占干物质 20% 以上）的植物性饲料，如干草、秸秆和秕壳等。这类饲

料的体积大、消化率低，但资源丰富，是羊主要的补饲饲料。这类饲料一般容积大、粗纤维多、可消化养分少、营养价值低。

★ 能量饲料。能量饲料是指在干物质中粗纤维含量低于 18%、粗蛋白质含量低于 20% 的饲料。主要包括禾谷类籽实、糠麸类、块根块茎类等。

★ 蛋白质饲料。蛋白质饲料是指干物质中粗蛋白质含量在 20% 以上、粗纤维含量在 18% 以下的饲料。主要包括植物性蛋白质饲料和动物性蛋白质饲料。

★ 矿物质饲料。矿物质饲料属于无机物饲料。羊体所需要的多种矿物质从植物性饲料中不能得到满足，需要补充。常用的矿物质补充饲料有食盐、石粉、贝壳粉和磷酸氢钙、镁补充饲料、硫补充饲料等。

（2）羊的饲养管理技术

①羔羊的饲养管理技术

羔羊一般是指从初生到断奶阶段（一般 2 月龄断奶）的小羊，这个阶段是羊生长发育最为迅速的时期，应加强饲养。

★ 初乳期。母羊产后 5 天以内分泌的乳汁叫初乳。它是羔羊生后唯一的营养。初乳中含有丰富的蛋白质（17% ～ 23%）、脂肪（90% ～ 16%）等营养物质和抗体，具有营养、抗病和轻泻作用。羔羊生后及时吃到初乳，可增强体质，增强抗病能力，促进胎粪排出。初生羔羊应尽量早吃、多吃初乳，吃得越早、越多，增重越快，体质越强，发病少，成活率高。

★ 常乳期。常乳期是指出生后 6 ～ 60 天，这一阶段，奶是羔羊的主要食物，辅以少量草料。从初生到 45 日龄，是羔羊体长增长最快的时期，从出生到 75 日龄是羔羊体重增长最快的时期。此时母羊的泌乳量虽多，营养也高，羔羊要早开食，训练吃草料，以促进前胃发育、增加营养的来源。一般从 10 日龄后开始给草，将幼嫩青草吊挂在羊舍内，让其自由采食。生后 20 天开始训练吃料，在饲槽里放上用开水烫过的半湿料，引导小羊去啃，反复数次小羊就会吃了。45 天后的羔羊逐渐以采食饲草料为主，哺乳为辅。羔羊能采食饲料后，

要求提供多样化饲料，注意个体发育情况，随时进行调整，以促使羔羊正常发育。日粮中可消化蛋白质以16%～30%为佳，可消化总养分以74%为宜，并要求适当运动。随着日龄的增加，羔羊可跟随母羊外出放牧。

②羔羊早期断奶技术

传统的山羊断奶时间为2～3个月，如采取提早训练采食和补饲的方法饲养羔羊，可使羔羊在1.0～1.5月龄安全断奶。早期断奶除可促进羊发育、加快生长速度外，还可以缩短母羊的繁殖周期，达到一年两胎或两年三胎，多胎多产的目的。目前推行30～45日龄和7日龄断奶2种方式，具体做法是：30～45日龄断奶法，羔羊在10～15日龄时，应训练采食嫩树叶或牧草，以刺激唾液分泌，锻炼胃肠机能；20日龄，可适当补饲精料，精料要求含蛋白质20%、粗纤维不宜过高，并加入1%的盐和骨粉以及微量元素添加剂。每天补喂配合精料20克，并将精料炒香，调成半干湿态，放在食槽内单独或混些青草饲喂。30日龄拌料40克，40日龄拌料80克，并注意饲料多搭配，少喂勤添。随着羔羊的生长和采食能力的提高，应逐渐减少哺乳次数，或间断性采取母子分居羊舍的方法，这样一般40天左右可完全断奶，比传统的3月龄断奶可提前一半时间，早期断奶的羔羊应单独关在一栏，继续补料，以加强早期断奶羔羊的培育。

③育成羊的饲养管理技术

羔羊断奶至第1次配种的羊统称为育成羊。此期间是生长发育最迅速的阶段，精心的饲养管理，不仅可以获得较快的增重速度，而且可使羔羊得到良好的发育。主要有以下几方面。

★ 自然交配。自然交配又称自由交配或本交。将公羊与母羊混群放牧饲养，由公羊与发情母羊自行交配，不加限制，是一种原始的配种方法。

★ 人工授精。通过人为的方法，将公羊的精液输入母羊的生殖器内，使卵子受精以繁殖后代，是当前我国养羊业中常用的技术措施。

★ 适时出栏。羔羊出生后各个时期的生长发育不尽相同，绝对增重初期较小，尔后逐渐增大，到一定年龄增大到一定程度后又逐

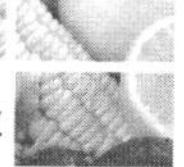

渐下降直至停止生长，呈慢－快－慢－停的节奏；相对增重在幼龄时增加迅速，以后逐渐缓慢，直至停止生长，呈快－慢－弱－停的趋势。

④育肥羊的饲养管理技术

育肥羊需要做好各项准备工作，首先要准备好羊舍，羊舍的建造要求地势高燥、背风向阳、地面平坦，具有良好的排水系统，冬暖夏凉，通风良好。圈舍的大小要根据育肥羊的饲养数量来确定，一般每只羊的占地面积为 0.8 ～ 1.2 平方米。按照不同的阶段分成不同的圈舍，如羔羊舍、育肥舍、种公羊舍、种母羊舍等。在羊舍的附近要设置有运动场，运动场的面积为圈舍面积的 2 ～ 3 倍。做好饲料的准备工作。育肥羊的饲料种类较多，要尽量选择使用营养价值高、成本低、适口性好、易于消化的饲料，丰富饲料来源，精饲料、粗饲料、多汁饲料、青绿饲料，以及各种饲料添加剂都要准备充分，还要尽可能地利用当地的饲料资源，减少远途运输饲料，降低饲养成本。育肥羊的饲养分为羔羊育肥、育成羊育肥。其中羔羊育肥又可分为羔羊早期育肥、断奶后羔羊育肥。羔羊早期育肥是从羔羊群中挑选出体较大、性成熟好的公羊作为育肥羊，一般以舍饲为主，生产优良肥羔肉羊。

（3）羊的疫病防控技术

羊病的防治必须坚持以“预防为主”，搞好环境卫生，加强饲养管理、检疫工作，做好防疫，坚持定期驱虫，发现病羊，要及早治疗。

★ 建立严格的消毒制度。

★ 建立完善的防疫制度。

★ 建立合理的免疫程序。按照国家免疫规定及各地疫病流行情况进行预防免疫。

★ 建立完善的驱虫制度。

3. 猪的养殖技术

（1）猪的营养需要

①能量需求

猪的能量需求随猪的日增重而增加。仔猪的维持能量需要量为每千克代谢体重 468.61 千焦，用于代谢过程、身体活动、体温调节等方面。

②蛋白质和氨基酸需要量

给猪制订出合理的蛋白质和氨基酸需要量，会得到很高的经济效益。对于最佳的生长和肌肉合成，要认真考虑蛋白质的供给。

③维生素和矿物质需要量

维生素和矿物质对猪来说是必不可少的营养素，这两个营养素主要是以预混料的形式添加，对猪的生理机能和生长带来很大的影响。维生素在调节代谢过程中起着重要作用。

（2）猪的饲料

①蛋白质饲料

蛋白质饲料是指饲料干物质中蛋白质含量在20%以上、粗纤维含量在18%以下的饲料。一般来说、蛋白质饲料可分为两大类，一类是油籽经提取油脂后产生的饼（粕），另一类则是屠宰厂或鱼类制罐厂下脚料经油脂提取后产生的残留物。这类饲料的主要特点是粗蛋白质含量多且品质好，其赖氨酸、蛋氨酸、色氨酸等必需氨基酸的含量高，粗纤维含量少，易消化，如肉类、鱼类、乳品加工副产品、豆饼、花生饼、菜籽饼等。

②能量饲料

能量饲料主要成分是无氮浸出物，占干物质的70%～80%，粗纤维含量一般不超过4%～5%，脂肪和矿物质含量较少，氨基酸种类不齐全，如玉米、高粱、小麦、大麦、稻谷、麦麸、米糠、甘薯、马铃薯等。

③粗饲料

粗饲料指饲料的干物质中粗纤维含量在18%以上（含18%）的饲料。包括青干草、秸秆、秕壳等。粗饲料的一般特点是含粗纤维多，质地粗硬，适口性差，不易消化，可利用的营养较少。

④青饲料

青饲料是指天然水分含量在60%以上（含60%）的饲料，其来源最为广泛，种类繁多。包括野菜、人工栽培牧草、蔬菜、绿肥作物、树叶、浮萍、水草等。青饲料的特点是含水量高，适口性好，易消化，

各种维生素含量丰富，尤其是 3 种限制性氨基酸接近猪的需要量，矿物质、钙、磷比例恰当。

（3）猪的饲养管理技术

①种猪的饲养管理

公猪一般单圈关养，公猪要加强运动，增强体质，防止肥胖和虚弱；促进食欲；这对公猪性欲及精液质量有重要的影响。

②妊娠母猪饲养管理技术

★ 妊娠为受孕到分娩的过程。由于各个母猪的身体状况不同，在饲养时不能一概而论，应区别对待。

★ 在母猪妊娠前期，每日的能量供给应控制在 25.3 ～ 25.6 兆焦，若母猪能量摄入过多，会导致其子宫周围、腹膜及皮下堆积过多的脂肪，压迫子宫壁，影响子宫血液循环，严重时可引起胎儿死亡。

★ 在妊娠后期，母猪营养需求增高，需采取短期优饲。但由于胎儿体积增大、腹内压升高，不宜饲喂大量粗饲，而采取饲喂少量精料，如饲喂动物性脂肪和玉米胚芽油的方法。

一般情况下母猪的分娩都可自己完成，但在发生难产时应及时采取恰当的方式助产。产后应及时清除仔猪口鼻处的黏液以助其正常呼吸，并把仔猪放在母猪的乳头处，以便尽快吃上初乳。母猪产后的护理，重点在补充能量和预防产后疾病上。

③哺乳仔猪饲养管理技术

同窝仔猪一般情况下先出生的仔猪体重较大，以后出生的仔猪体重较小，对于出生弱小的仔猪更需加强护理，而仔猪的存活率随出生体重的增加而提高，仔猪初生体重低于 0.9 千克时，一般情况下 60% 的难以存活，对这些体重低于 0.9 千克的仔猪给予特殊护理是提高成活率的关键，对出生弱小、全身震颤的仔猪，每头腹腔注射 10 毫升 10% 葡萄糖注射液加 5 万单位的链霉素，可增强仔猪体质，同时预防黄白痢。对于初生仔猪要加强保暖防寒，减少应激，哺喂初乳。

哺乳期是仔猪生长发育速度最快的时期，其代谢能量为每千克体重 302.10 兆焦，是成年猪每千克体重代谢能量的 3 倍，因此，在

哺乳期仔猪需要大量的能量和营养物质。新生仔猪消化道不发达，消化器官和消化腺机能不全，只能消化乳蛋白而不能消化植物蛋白，因此，应在仔猪料中添加甲酸、柠檬酸等对饲料进行酸化，以帮助其消化吸收。为提高育肥效率，可对非种用仔公猪在7日龄时进行去势，但对母乳猪不做要求。仔猪在28日龄左右断奶时，尽量减少应激。

④育肥猪饲养管理技术

根据育肥猪的生长特点及发育规律，现提出以下饲养管理技术。

★ 日粮搭配多样化。在每日配制饲料的时候，一定要避免饲料成分单一，要配制营养比较均衡的饲料，使蛋白质和其他的营养成分相互协调，提高蛋白质的利用程度，促进猪的快速生长。

★ 肥猪饲养方式的变换。饲养方式可分为自由采食与限制饲喂两种。在体重未达到50～60千克时，要喂高蛋白质高能量的饲料，在这一时期，使猪形成更多的瘦肉，每日体重增长达到最大量、体重达到60～100千克时，可以适当降低饲料中的蛋白质和能量水平，防止脂肪的堆积。

★ 保证饲料的品质。当饲料品质不够好时，就会减缓猪增重和降低饲料利用率，同时还会对胴体品质造成影响。猪是单胃的动物，饲料品质不好容易使亚氨酸在体内沉淀，这是一种有毒的物质，会使猪的体质变软。因此，育肥猪上市前两个月所喂食的饲料品质必须是优质的饲料。

⑤猪病的防控

随着畜牧业经济的快速发展，坚持“预防为主、防治结合、防重于治”的原则，加强猪疫病防控与治疗，具有重要意义。

★ 实行严格的消毒制度。所有进入场区的车辆必须由高压消毒机喷雾消毒、经消毒池进入猪场；非生产区要求经常清扫，定期消毒；猪舍内需要每天做好清洁工作，保证清洁工作的全面性。同时，养殖人员在进出猪舍时需要做好消毒工作。

★ 强化免疫工作。为有效防控猪疫病，需要做好免疫工作。免疫工作可以在一定程度上保证猪疫病监测及猪疫病防控工作的科学

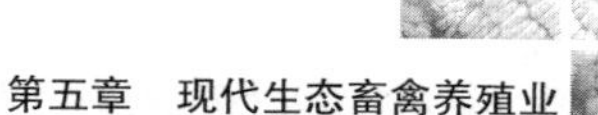

性与合理性，现将具体的免疫程序见表 5-1。

表 5-1　商品肉猪的免疫程序

日龄	疫苗种类	剂量	方式
3	伪狂犬	1 头份	滴鼻
10	喘气病	1 头份	肌注
17	猪链球菌	1 头份	肌注
25	高效价猪瘟活疫苗	2 头份	肌注
30	喘气病二免	1 头份	肌注
60	猪瘟、猪丹毒、猪肺疫三联苗	2 头份	肌注
70	口蹄疫	2 头份	肌注
100	口蹄疫二免	2 头份	肌注

【种养小课堂】

在实际操作中，垫料的含水量通常通过经验和人的感官判断，具体判断依据可参考表 5-2

表 5-2　垫料含水量的判断依据

垫料含水量	判断依据
20% 左右	垫料干燥，没有潮湿感
30% 左右	垫料稍有湿润感
40% ～ 50%	垫料明显潮湿
60% 左右	手握垫料略有黏结状，但手松开时马上散开
60% 以上	用力握垫料，指缝有水浸出

（4）药物预防

药物预防是猪疫病监测与养猪场疫病防控的一个重要手段，通过药物增强猪的抵抗力与免疫力，在最大程度上避免猪受到病菌的影响。加强药物预防具体从以下几点展开：一是猪日常实用的饲料中可以添加相应的抗病毒药物，这样可以提升猪的抗病毒与抗感染能力。二是在发现猪感染疫病时需要及时投喂药物，通过药物作用可以在一定程度上降低疫病对其他猪的影响。虽然进行药物预防可以针对猪疫病的防治起到一定作用，但如果长期投喂药物会增强猪的抗药能力，对猪日后成长造成影响。所以，在进行药物预防时需要有效控制药量，这样才能保证药物在防控猪疫病中发挥最大作用。

【种养小课堂】

问：夏、秋季高温湿热，加之发酵床上垫料持续不断发酵产热，是否会影响猪只的生长发育？针对这段时间的养殖，有没有什么好的解决办法？

答：夏、秋季天气炎热，是发酵床养殖问题最多的季节，也是人们对发酵床养殖最担心的季节，但只要相应的解决措施做到位了，夏天发酵床养殖的效果还会胜过水泥地圈舍。措施如下：

（1）夏、秋季气温高时，垫料翻耙时间应选择清晨或傍晚的凉爽时刻进行，同时相应增加猪舍的通风和降温设施。

（2）高温湿热天气对猪舍进行通风降温可遵循下表中的方法（表5–3）。

表 5–3　不同温度下的通风降温措施

温度	通风降温措施
气候凉爽	间歇性开启通风窗自然通风
猪舍内温度超过 25℃	开启排风机进行通风降温
猪舍内温度超过 30℃	开启水帘装置及排风机，及时降低猪舍内环境温度或适当开启喷雾降温或加装冷风机降温

注：喷雾降温应适当喷洒，喷洒过大容易造成垫料湿度过大。如有条件还可在圈舍内加装冷风机，其本质上是密闭的湿帘，比普通湿帘的通风降温效率高。

（3）可适当增加大猪阶段的饲养面积，降低猪自身产热及粪尿发酵产热强度，同时防止垫料中的粪污量及湿度过大。

（4）应做好隔热和遮阳措施。使用隔热屋顶，在圈舍前后栽种速生杨树等高大树木，尽量在圈舍旁栽植爬藤植物使其攀爬到屋顶遮阳，如南瓜、栝楼、爬墙虎等，以改善养猪场小气候，同时还能提供多汁饲料等。除了应对高温问题，雨季还要特别注意做好防水防渗措施，避免雨水或地下水进入发酵床。

第二节 现代家禽养殖

一、现代家禽养殖品种

1. 适合生态养殖的鸡品种

（1）惠阳胡须鸡

惠阳胡须鸡原产于广东省惠阳地区，又名三黄胡须鸡、龙岗鸡、龙门鸡、惠州鸡，是我国比较突出的优良地方肉用鸡种。惠阳胡须鸡以种群大、分布广、胸肌发达、早熟易肥、肉质特佳而成为我国活鸡出口量大、经济价值较高的传统商品。

（2）清远麻鸡

清远麻鸡原产于广东省清远市，又名清远走地鸡，就是家养土鸡。养鸡户一般选择群批量圈地放养为主，其食欲强、抗病能力佳，肉质美味。

（3）贵妃鸡

贵妃鸡又名贵妇鸡，被英国皇室定名为“贵妃鸡”，专供宫廷玩赏和御用。商品贵妃鸡肌肉纤维细微，其集观赏、美食、滋补于一身，野味浓，营养丰富，其肉质细嫩，油而不腻，美味可口，特别是被称为抗癌之王的硒和锌的含量是普通禽类的 3 ～ 5 倍，被誉为“益智肉”“美容肉”“益寿肉”。

（4）绿壳蛋鸡

绿壳蛋鸡原产于江西省东乡区，是我国特有禽种，被农业农村部列为“全国特种资源保护项目”。其特征为五黑一绿，即黑毛、黑皮、黑肉、黑骨、黑内脏，更为奇特的是所产蛋为绿色，产蛋量较高。该鸡种具有明显高于普通家养鸡抗御环境变化的能力，南北方均可进行现代化养殖。

（5）固始鸡

固始鸡原产于河南省固始县。主要分布于沿淮河流域以南、大别山脉北麓的商城、新县、淮滨等 10 个县（市），安徽省霍邱、金

寨等县亦有分布，是我国优良地方鸡种之一，属蛋肉兼用型。

（6）杏花鸡

杏花鸡主产地在广东省封开县，当地又称“米仔鸡”，属小型肉用鸡种。它具有早熟、易肥、皮下和肌间脂肪分布均匀、骨细皮薄、肌纤维纫嫩等特点。

（7）丝羽乌骨鸡

丝羽乌骨鸡原产于江西省泰和县武山北麓，根据产地又称武山鸡，丝羽乌骨鸡在国际标准中被列为观赏型鸡种。因具有“丛冠、缨头、绿耳、胡须、丝毛、毛脚、五爪、乌皮、乌肉、乌骨”十大特征以及极高营养价值和药用价值而闻名世界。

（8）藏鸡

藏鸡是分布于我国青藏高原海拔2200～4100米的半农半牧区，雅鲁藏布江中游流域河谷区和藏东三江中游高山峡谷区数量最多、范围最广的高原地方鸡种。

2. 适合生态养殖的鸭品种

（1）连城白鸭

连城白鸭为福建省连城县特产，中国第一鸭。“全国唯一药用鸭”“鸭中国粹”“贡鸭”。《本草纲目》《十药神书》等均有其药用的记载，困难时期曾因“长得慢，养不胖”濒临灭绝。令人称奇的是煲汤除盐外不需任何调料，无腥味，不油腻。当地百姓又因其黑色的脚丫和头部称之“黑丫头”。连城白鸭的羽色和外貌特征独特，是一个适应山区丘陵放牧饲养的小型蛋用鸭种。

（2）临武鸭

湖南省临武县特产，临武鸭是中国的八大名鸭之一，属肉蛋兼优型，有着上千年悠久的养殖历史，曾作为朝廷的贡品，声名远播。它具有生长发育快、体型大、产蛋多、适应性强、饲料报酬高、肉质细嫩、皮下脂肪沉积良好、味道鲜美等特点，以“滋阴降火，美容健身”而著称，当地老百姓俗称“勾嘴鸭”。

（3）金定鸭

福建省龙海市紫泥镇金定村特产，属麻鸭的一种，又名华南鸭，

属蛋鸭品种，是福建传统家禽良种。金定鸭体格强健，走动敏捷，觅食力强，具有产蛋多、蛋大、蛋壳青色、觅食力强、饲料转化率高和耐热抗寒特点。该品种尾脂腺较发达，羽毛防湿性强，适宜海滩放牧和在河流、池塘、稻田及平原放牧，也可舍内饲养。

（4）三穗鸭

贵州省东部的低山丘陵河谷地带，以三穗县为中心，是我国优良地方蛋系麻鸭品种之一。三穗鸭系同野鸭杂交选育而来，具有体型小，早熟、产蛋多，适应性和牧饲力强的特点，且肉质细嫩、味美鲜香。

（5）北京鸭

优良肉用鸭标准品种，具有生长发育快、育肥性能好的特点，是闻名中外“北京烤鸭”的制作原料。

（6）绍兴鸭

绍兴鸭又称绍兴麻鸭，主要分布于浙江省的绍兴、上虞、萧山、诸暨等地，全国已有 20 多个省（自治区、直辖市）引种饲养。绍兴鸭是世界优良蛋用型品种，具有体型小、成熟早、产蛋多、耗料省、抗病力强、适应性广等优点。

（7）高邮鸭

江苏省高邮特产，又名高邮麻鸭，主要分布于我国江淮地区，属蛋肉兼用型地方优良品种。高邮鸭不仅生长快、肉质好、产蛋率高，而且因善产双黄蛋乃至三黄蛋而享誉海内外。高邮鸭耐粗杂食，觅食力强，适于放牧饲养，生长发育快，易肥、肉质好。

（8）微山麻鸭

山东省微山县特产，原产于微山湖。微山麻鸭属小型蛋用麻鸭，微山麻鸭体型小，早熟，适应性强，产蛋多，蛋个大，质量高，遗传性能稳定，适宜放牧。该品种可根据不同的经济用途，与其他蛋鸭杂交，可获得产蛋量高、质量好，既能放养又能圈养的杂交鸭。

3. 适合生态养殖的鹅品种

（1）狮头鹅

狮头鹅是中国鹅种中体型最大的品种，是世界三大重型鹅种之

一。原产于广东省饶平县，主要产区在澄海和汕头市郊。在以放牧为主的饲养条件下，70 ～ 90 日龄上市未经肥育的仔鹅，平均体重为 5.84 千克（公鹅为 6.18 千克、母鹅为 5.51 千克），屠宰率半净膛公鹅为 81.9%、母鹅为 81.2%，全净膛为公鹅为 71.9%、母鹅为 72.4%。雏鹅在正常饲养条件下，30 日龄雏鹅成活率可达 95% 以上，母鹅可连续使用 5 ～ 6 年。

（2）皖西白鹅

皖西白鹅原产于安徽西部丘陵山区，是经过长期人工选育和自然驯化而形成的优良地方品种，历史悠久，适应性强、觅食力强、耐寒、耐热、抗病力强、耐粗饲、耗料少，且合群性强。

（3）溆浦鹅

溆浦鹅产于湖南省沅水支流溆水两岸，中心产区在新坪、马田坪、水车等地，是优良的地方鹅品种，采用传统自然放牧模式，放牧时间一天长达 10 个小时以上，采食野生天然牧草，具有生长速度快、产蛋率高、觅食力强、耐粗饲等优点，对自然环境具有很强的适应能力。另外，溆浦鹅产肝性能好，鹅肝体积大、胆固醇含量低，营养价值高，是中国肉用、肝用型综合性能最好的鹅种之一。以溆浦鹅的羽毛作为原料，成为中国国家羽毛球队受欢迎的羽毛球制作材料。

（4）浙东白鹅

浙东白鹅分布于浙江东部的绍兴、宁波、舟山、萧山等地，尤以象山、奉化两县（市）为多。浙东白鹅适应性和繁殖力强，耐粗饲，以食草为主，生长快，从雏鹅到成年大鹅只需 3 个月左右，肉质肥嫩，屠宰率高。

（5）四川白鹅

四川白鹅主产于四川省温江、乐山、宜宾和隆昌等地，属中型鹅种，是以食草为主的水禽，具有生长速度快、生长期短、抗病力强、易于饲养等特点。四川白鹅肉质鲜美，营养丰富，风味独特，它既有禽肉的特色又有草食畜肉的优点，其肉中蛋白质含量高达 20%，脂肪含量只有 3% 左右，鹅肉脂肪中的不饱和脂肪酸含量在 99% 以上，

营养价值优于猪肉、牛肉、羊肉，食用者不会因食用鹅肉而导致心血管系统疾病，四川白鹅产品是开发现代人类追求的理想食品的优质原料。

（6）阳江鹅

阳江鹅又称阳江黄鬃鹅，属小型灰羽品种。中心产区位于广东省湛江地区阳江市，主要在该县的塘坪、积村、北贯、大沟等乡。该鹅每年平均就巢4次。雏鹅28日龄（4周龄）成活率为96%以上。在使用配合饲料和舍饲条件下，70日龄上市；在放牧加补饲的条件下，80日龄左右上市。上市平均体重可达（3375±250）克。

（7）马岗鹅

马岗鹅产于广东省开平市马岗乡，故称马岗鹅。分布于佛山、雄庆、湛江及广州一带。马岗鹅属中型灰色鹅种，具有生长快、肉质鲜嫩、早熟易肥等特点。

二、现代家禽养殖技术

1. 鸡的养殖技术

（1）鸡养殖技术

鸡养殖技术主要包括草鸡饲养技术、果园及山地土鸡放养技术、鸡林下围网养殖技术等，养殖关键技术主要包括以下几个方面。

①鸡苗选择

养鸡成功与否，鸡苗质量起着决定性的作用，要选择品种较纯、体质健壮的鸡苗。一般选择中型鸡，具有对环境要求低、适应性广、抗病力强、活动量大、肉质上乘等特点，比较适合野外养殖。

②温度要求

温度是育雏成功与否的关键。进雏鸡前，提早半天就应调节好雏舍的温度，直到脱温。在具体操作过程中，观察温度是否适宜有2个办法：一是看温度表，二是看鸡群的分布状况；当鸡群扎堆、紧靠热源、不断鸣叫，表明室内温度偏低；当鸡群远离热源、分布四周、不断张口呼吸，表明室内温度偏高；当鸡群分布均匀、活动自如、比较安静，表明室内温度较为适宜。当室内温度偏高或偏低时，都应及时进行调整。

③尽早开水

雏鸡第1次饮水称为开水。当雏鸡运到后，尽快将它送进育雏室（冬季尤其必要）让其自由饮水。对经长途运输或天热时的雏鸡，饮水中加0.9%葡萄糖生理盐水；近距离运输的在饮水中加0.01%～0.02%高锰酸钾。开水应尽早，要让80%以上的雏鸡同时饮到第一口水；对反应迟钝、蹲着不动或体弱的应人工调教，或拍手声刺激促进饮水。雏舍应当全天候供水，确保雏鸡及时饮用。

④适时开料

给雏鸡第1次投料称为开料。开料时间应适当推迟，最适宜时间应在鸡出壳后24～36小时。也可根据雏鸡健康状况和外界气温情况来定，一般有85%的雏鸡具有食欲时为好。开料太早，容易引起雏鸡卵黄吸收不良而成为僵鸡，导致育雏率降低及均匀度差的弊端。开料时最好选择颗粒度小、容易消化的配合饲料。饲料应撒在尼龙布或竹团箕上使雏鸡容易吃到。投料应尽量做到少投勤添，以刺激雏鸡食欲，同时减少饲料浪费。

⑤饲养密度

一般1周龄内掌握在30只/平方米，以后每周降5只左右/平方米，直到脱温后可进行野外放养。

⑥搞好免疫

放养饲养期较长，疫病威胁性大，免疫极其重要。其免疫主要做好以下环节。选择优质疫苗。在选购疫苗时，务必检查疫苗的有效期、批次、生产厂家、生产日期，发现破瓶、潮解、失效或有杂质者杜绝使用。一般到兽医部门指定的店家购买为好。疫苗应应足量使用。前期若采用饮水免疫的，用量应加倍，即养1000只鸡，使用2000羽份疫苗进行免疫；如采取点滴免疫则用1～1.5倍量。后期免疫一般用1.5～2倍量为宜。合理的免疫程序。13～15日用龄用法氏囊疫苗和禽流感疫苗，25～26日龄用法氏囊疫苗。饲养期超过100天，建议在60～65日龄注射1次I系疫苗。采取正确的免疫方法。前期由于鸡个体小、活动量不大，容易被抓，应提倡逐只滴鼻、点眼或滴口免疫。后期可采取注射法，这样能确保雏鸡只只

免疫到位，免疫效果确实，防止饮水免疫带来饮多饮少，甚至饮不到的弊端，造成免疫死角。对禽流感疫苗应皮下或肌肉注射，实行一只鸡一只棉球一枚针头的正确的免疫方法。

（2）育雏阶段主要疾病的防治

①白痢病

该病主要发生在 7 日龄内，特征是雏鸡肛门粘有白色粪便，用恩诺沙星、诺氟沙星、敌菌净、土霉素等药拌料进行防治。

②霉菌病

好发于半月龄内，以呼吸困难、肌体脱水、消瘦、脚趾干瘪，剖检时可见肺、气囊含有霉菌结节为特征。防治上应杜绝霉变饲料、降低舍内湿度、经常更换垫料，可用制霉菌素饮水或拌料治疗。

③球虫病

特征为食欲减少、饮水增加、场地可见血便、少数鸡肛门周围粘有血便。剖检盲肠、小肠增粗，内含血色稀物，肠黏膜可见出血点。用青霉素饮水治疗，或磺胺类及球虫药拌料治疗，配合降低舍内湿度及饲养密度，收效尚佳。

（3）育成鸡的饲养管理要点

①放养

夏季 30 日龄，春、秋季 40 日龄开始放牧，鸡群规模以每群 500 ～ 1000 只为宜。补饲。补饲饲料用玉米、麦子、甘薯等及少量混合饲料。早上少喂，晚上喂饱。补饲多少应该以野生饲料资源的多少而定，尽量让鸡在放养场中寻找食物，以增加鸡的活动量，采食更多的有机物和营养物，提高鸡的肉质和品位。

②供水

整个饲养期不停水。经常观察，发现精神、食欲、粪便异常者，应及早采取措施。

③搞好环境卫生

按时清扫鸡舍和周围场地，定期用 2% ～ 3% 烧碱或 20% 石灰乳对环境和用具进行消毒。对鸡粪、污物、病死鸡进行无害化处理，用药灭鼠、灭蚊、灭蝇等。

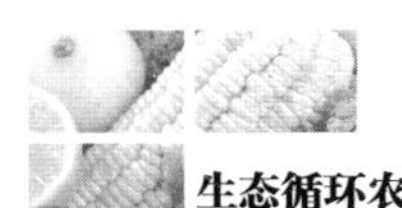

④适当的饲养时间

饲养期长短不当，直接影响鸡的肉质风味及养殖效益。饲养期太短，肉质太嫩，风味差，影响销路及价格；饲养期太长，饲料报酬降低，风险性大大增加，且易造成劳力、场地等资源浪费，饲养成本增加，效益下降。一般掌握在体重达 1.2 ～ 1.5 千克，时间在 80 天以上者即可上市，养殖户也可根据具体的市场行情进行合理的安排。

⑤适度的饲养规模

饲养的效益与适度的饲养规模有关，一般以一个劳力每批以 500 ～ 1000 只为宜。条件好的也不要超出 5000 只，这样有利于饲养管理、防疫治病、降低风险、增加效益、稳步发展。

⑥合理的轮放时间

一个场地饲养时间太久，场地会受污染、病菌增多，对鸡群健康威胁大，影响成活率，而且容易将场内的草根、树根、树皮啄尽，造成土地板结和环境污染，影响果树生长。时间太短，投资重复，成本增加，造成浪费，影响效益。一般两年一轮可以避免上述弊端。

⑦正确处理治虫与放牧的关系

一般果园养鸡虫害较少，但当需治虫时，要首先选择高效低毒低残留的农药，喷洒时尽量少喷到地面，鸡即使食入虫子，毒害的可能性也小。其次选择晴天治虫，药液滴入地面少。最好将治虫与放牧时间错开，尽量使鸡少接触到药物，以防万一。

2. 鸭的养殖技术

（1）养鸭设施建设

饲养数量较多时，可在田边、林地边、水塘边选一地势高燥的地方修建鸭舍，鸭舍地面应高出养殖区域，鸭舍坐北朝南。推荐搭建塑料大棚鸭舍，棚宽、高、长应根据养鸭数量而定。用毛竹做大棚屋架，内层铺无滴塑料膜，中间夹厚稻草保温隔热，外层再铺一层塑料膜防水并固定稻草。大棚两侧的塑料膜可放下和收起，以利于鸭舍通风和保温。按每平方米养鸭 7 ～ 8 只（育成及产蛋鸭）决定鸭舍面积。运动场朝向稻田，向稻田倾斜，以利于排水，并在运

动场上搭建 1.8 米高的防晒网。运动场按每平方米养鸭 3 只圈围。为防止鸭舍潮湿，鸭舍可铺竹板网。

（2）鸭的饲养管理技术

①育雏给温与温度、湿度、密度表现在以下几个方面：

★ 育雏方式与设施。育雏方式有笼养、网上饲养、地面垫料平养。农村条件下多为地面垫料平养。

在大群饲养时，可利用旧房或在鸭舍的一角用编织膜或无滴塑料膜围成一个小温室（25 ～ 30 只 / 平方米），采用铸铁铸火炉或旧煤气罐改造为燃烧煤炉升温，用导烟管将废气排出舍外。可在房舍内用无滴塑料膜或编织膜搭建 1 米多高的小温室，地面垫稻壳，在小温室内离地面 80 ～ 100 厘米高挂 1 个 250 瓦红外线灯，每盏可育雏 150 ～ 200 只。

30 ～ 50 只小群饲养时，可用纸箱育雏。纸箱育雏选一封闭性较好的大纸箱，内垫 5 厘米的稻壳或锯末，在箱底高 10 厘米处开 1 个 3 厘米高的长条形窗口，供雏鸭把头伸出饮水采食。如温度不够，可在箱内悬挂 1 盏 100 瓦灯泡，外用塑料膜搭盖保温，下部留缝隙通风。还可以利用移动式鸭棚育雏，棚内垫稻草，外用塑料膜把鸭棚盖严，下部留空隙通风换气，棚内如温度不够，可在内挂盏灯泡增温。

★ 育雏温度

给温原则：白天低，夜晚高；晴天低，雨天高；健雏低，弱雏高。给温标准，逐渐梯度降温，此后温度保持在 20℃左右即可。

测量温度的位置：温度计要挂在与雏鸭所处位置的等高处，这个温度是雏鸭真正获得的温度。

育雏温度适宜的标准：通过观察雏鸭状态看温度是否适宜。温度低则雏鸭挤堆，中间的雏鸭易出汗感冒患病，易压死雏鸭。温度过高则雏鸭饮水增加，张口呼吸，远离热源。温度适宜时，雏鸭伸长头颈和腿，均匀分布在鸭舍。

②湿度。0 ～ 10 天的雏鸭湿度在 65% ～ 70%，之后 55% ～ 60%。

③育雏密度：1 ～ 10 日龄，30 ～ 35 只 / 平方米，11 ～ 20 日龄，25 ～ 30 只 / 平方米。

④鸭的饲料

★ 0 ～ 3 周龄雏鸭推荐的饲料配方：玉米 36%、稻谷 13%、糙米 13%、鱼粉 5%、豆饼 7%、花生饼 11%、菜饼 4.5%、米糠 3%、麸皮 5%、磷酸氢钙 0.8%、石粉或贝壳粉 0.7%、食盐 0.2%、多维素 0.01%，微量元素按说明添加。此配方每千克含代谢能 11.5 兆焦、粗蛋白 20%、钙 0.9%、磷 0.45%。

此外，在没有专用雏鸭配合料的情况下，可用雏鸡料、乳猪料替代。小群饲养在无配合料的情况下，也可将大米蒸半熟，用水洗去黏性，每 500 克拌 2 ～ 3 个熟蛋黄，另加入 20% 的青菜丝饲喂雏鸭。

★ 喂料量。雏鸭 1 ～ 15 日龄的舍饲期间，小型蛋鸭推荐第 1 天每只 3 克饲料，以后每天增加 3 克；兼用型鸭第 1 天每只平均喂料 4.5 克，以后每天增加 4.5 克。

★ 稻田放鸭后的补料。以补喂混合料为佳，饲料配方推荐如下：玉米或小麦等谷物 63%、麸皮或米糠 16%、饼粕 18%、骨粉 1.2%、石粉 1.5%、食盐 0.3%。根据每亩田养鸭量，每只每天平均补料 50 ～ 70 克。在没有混合料的情况下，也可用原粮饲料替代。批次稻鸭共育结束后，视鸭的膘情、体重情况调整补料的营养浓度与补料量，使育成鸭符合上市需要。

⑤饲喂

★ 开水。雏鸭出壳 24 小时内应让其先饮水。初次饮水传统办法一是将 50 ～ 60 只雏鸭装入竹篮，把雏鸭放入水中，浸湿腿部，气温 15℃以上让雏鸭在水中 8 ～ 10 分钟，气温低于 15℃，让雏鸭在水中 3 ～ 5 分钟；二是把雏鸭赶入 3 厘米深的浅水池中活动数分钟；三是可直接向雏鸭身上喷洒温水让其相互啄食。规模养鸭则直接让雏鸭用饮水器饮水。

★ 开食与喂料方法。雏鸭饮水半小时后可以喂料。雏鸭消化能力弱，喂料要少喂勤添，少吃多餐。10 日龄内日喂 6 次（其中晚上 2 次），10 日龄后日喂 4 ～ 5 次（其中晚上 1 ～ 2 次）。喂料宜拌湿，前 1 周每次采食时间控制在 10 分钟，以防吃过多引起消化不良。雏鸭 2 周龄前必需喂配合饲料，3 ～ 4 周龄喂混合料，以后可补喂谷物。喂料方法，前 4 ～ 5 天可将饲料撒在塑料膜上，此后改为料盆。进

入稻田养鸭后，视鸭在稻田的采食情况，把每天补料分早晚两次喂给，早上少喂，晚上多喂。

★ 喂砂。为促进鸭消化食物，从第 2 周起在料中加入砂粒，砂粒直径 4 ～ 5 毫米，每周每百只 150 ～ 200 克。育成鸭可将直径 6 ～ 8 毫米的砂子堆放于运动场一角或鸭棚周围任其自由采食。用移动式鸭棚饲养时，可在鸭棚挂一个补饲槽，将砂粒装于槽中任其采食。

★ 补喂青料。为训练雏鸭采食青料的能力，3 ～ 4 日龄开始在料中拌入青料，第 1 周龄后青料占精料的 15% ～ 20%，第 2 周青料占 30%。

⑥分群饲养

育雏期间为防止打堆和促进生长发育均匀，按雏鸭体质强弱、个体大小每 40 只左右分为一群，对病、弱雏鸭加强饲养管理。

⑦鸭群驯导

★ 雏鸭驯水。驯水的鸭在稻田生命力强，耐水时间长，下水后羽毛不湿。一般雏鸭 4 日龄时，在天气温暖的 12：00 ～ 14：00，让雏鸭自动下水，池水深 10 厘米，一次下水时间不超过 10 分钟，上岸后晾干绒毛后还可再下水，第 1 次驯水时间不超过 2 小时。5 日龄驯水时间可 4 ～ 5 小时，5 日龄后让其自由下水。8 日龄的雏鸭体温调节已接近成年鸭，雏鸭尾脂腺已较发达，通过驯水，雏鸭可提前进入稻田。驯水时注意时间由短到长，只让绒毛稍有潮湿但不能潮湿超过一半，过于潮湿的雏鸭应挑出在温室烘干。

★ 雏鸭自舍饲育雏开始，每次喂料时吹口哨或固定敲击声音、播放音乐等，训练呼之即来的习性，以便管理。

★ 鸭群放入稻田的最初 3 ～ 4 天，在鸭棚附近围一暂时性的 10 ～ 20 平方米的初放牧区，让鸭熟悉鸭棚和稻田环境，建立补料和休息回舍的习惯。

★ 在鸭群下田的最初几天喂料时，应把部分谷粒撒入稻田中，训练鸭群在水中觅食的习惯。

★ 定时补料每天固定早上和晚上补，其他时间不补料，让鸭养成非补料时间在稻田觅食的习惯。

⑧防止中暑、农药中毒、强风暴袭击

鸭棚放置于树荫下或通风良好的地方。当外界温度达 32℃以上时，应将鸭群呼唤回舍；盛夏期间，每天 9：00 ~ 16：00 不应让鸭群下田，以防中暑。稻鸭共育的水稻一般不施农药，必需施农药应为低毒农药，施药后 3 ～ 4 天鸭全部舍饲。雏鸭在田间期间，应在暴风雨来临、黎明前把雏鸭收回鸭棚，并遮挡风雨，否则易使雏鸭受凉、受惊吓而大批死亡。

⑨鸭群出田

稻谷出穗弯头后要及时把鸭赶出稻田。作为肉鸭则进行集中育肥，育肥时多喂谷物等能量饲料，少喂青料。作为蛋鸭则根据体重调整鸭群，通过喂料使鸭群生长发育均匀。

（3）鸭的疫病防治

①控制细菌性疾病

雏鸭育雏期内每 100 千克饲料中加入 5 克土霉素钙粉，连续用药 3 ～ 4 天停药 4 ～ 5 天，间断用药。雏鸭前 3 天的饮水中加入 50 ～ 70 毫克 / 千克的恩诺沙星。

②驱虫

在 50 日龄左右，用芬苯哒唑每千克体重 10 ～ 50 毫克拌料，一次服药。此外也可用丙硫咪唑每千克体重 100 毫克拌料，一次服药。

③重要传染病的预防与免疫

根据鸭病流行情况，必须接种鸭瘟、禽流感、鸭病毒性肝炎疫苗，鸭霍乱、传染性浆膜炎、大肠杆菌视当地鸭病流行情况而酌情免疫。免疫程序：70 日龄左右作为肉鸭的免疫程序，1 日龄：鸭肝炎弱毒苗（种鸭开产前和产蛋中无接种此疫苗，如种鸭接种了疫苗的雏鸭 7 ～ 10 日龄接种）；7 日龄：浆膜炎 + 雏鸭大肠杆菌多价灭活苗；10 日龄：禽流感油剂灭活苗；15 ～ 20 日龄：鸭瘟弱毒苗；30 日龄：禽霍乱蜂胶灭活苗。

后备青年蛋鸭的鸭免疫程序：在上述肉鸭免疫程序的基础上，60 ～ 70 日龄分别接种鸭瘟弱毒苗、禽流感油剂灭活苗；90 日龄接种禽霍乱油剂灭活苗。

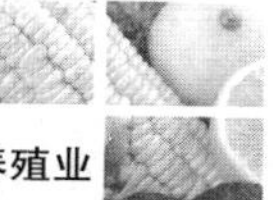

3. 鹅的养殖技术

鹅是杂食性家禽，对青草粗纤维消化率可达 40% ～ 50%，所以有青草换肥鹅之称。从鹅的生物学角度看，鹅的肌胃压力比鸭大 0.5 倍，比鸡大 1 倍，能有效地裂解植物细胞壁，易于消化。另外鹅消化道是体长的 10 倍，而鸡为 7 倍，加上鹅小肠中碱性环境，能使纤维溶解，因而鹅从牧草中吸收营养的能力特别强。牧草营养价值高，加上配合饲料的补饲，营养全面，使发展种草养鹅成为投资少、周期短、收效高、农民致富的一条好途径。

（1）雏鹅舍的准备

①清洁和消毒

选择保温性能好的房屋作为育雏室。将雏鹅舍的地面、墙壁、门、窗等处打扫干净，用热石灰水粉刷墙壁，把洗净的用具放入育雏室，用 0.2% 的百毒杀喷洒 1 次后，再按每立方米容积福尔马林液 30 毫升加 15 克高锰酸钾混合，关好门窗密闭后熏蒸 24 小时以上。

②垫料及保温

进鹅苗前 2 天，在鹅舍铺好细木刨花、碎新鲜稻草等垫料。准备好 250 瓦的红外线灯、煤炉等取暖设备，并检查舍内有无贼风进口，在墙壁上安装抽风机以便换气。

③备好水盘、料盘

水盘和料盘按 5 羽雏鹅配 1 个均匀摆放，调好高度。

④调节温度

在雏鹅进舍前几小时，预开取暖设施，使地面与雏鹅背部等高处的温度达 28 ～ 30℃，并保持恒温。

（2）雏鹅的饲养管理技术

①育雏密度及湿度

为有效利用鹅舍设施，一般雏鹅的饲养密度为每平方米 20 ～ 25 只，最好用高为 35 厘米的围栏将雏鹅分群，舍内湿度控制在 60% ～ 65%，湿度过高或过低，都会使雏鹅的体质下降，影响生长，所以应勤添垫草，换气排湿，降低湿度。

②挑选雏鹅

挑选健壮的鹅苗，健鹅苗的特征是卵黄吸收好，脐部收缩完全，腹部松软，腿部粗壮有力，体重适中，精神活泼，眼睛有神，用力一抓感到其挣扎有力，有弹性。如发现卵黄吸收不完全，可用25瓦灯泡放在雏鹅腹部烘5～10分钟，促进卵黄吸收。

③雏鹅的饮水和开食

水盘中备好2%的葡萄糖水、0.03%高锰酸钾水溶液和复合维生素水溶液，为缓解运输过程中带来的应激，可在水中加入抗生素、恩诺沙星等。鹅苗进舍后，2小时内应先饮水，身体弱不会饮水的，应人工驯饮；2小时后，把准备好的小鹅专用饲料、切碎的嫩黑麦草、苦荬菜放入料槽，任其采食，对个别不会食料的雏鹅，人工驯食1～2次。

④饲喂方法

雏鹅的消化系统发育未完全，体积较小，雏鹅从食入到排出经过消化道的时间为2小时左右。因此，饲喂雏鹅要做到少食多餐。1周龄前，每天可喂8～10次，其中2～3次在晚上喂，这是提高育雏成活率的关键；2周龄时每天可喂6～8次，其中晚上一定要喂1～2次；3周龄起鹅舍内放入砂盘，保健砂以绿豆大小为宜。

⑤饲料和牧草

根据雏鹅的生理特点，应选用优质小鹅专用饲料（特殊情况下可用小鸡料代替），这样不仅可以满足雏鹅的生长需要，而且可以提高育雏成活率，从而增加养鹅的经济效益。牧草可选用嫩黑麦草、苦荬菜等多汁青绿饲料，切碎后与精料拌和饲喂，供雏鹅自由采食，育雏期精料和牧草的比例为1 ： 2。

⑥光照和温度观察雏鹅的叫声和在舍内分布情况，根据天气变化情况，适当调整温度和光照。1周龄前要保持全天光照，舍温28～30℃；2周龄保持晚间光照，舍温24～28℃，以后逐步调低舍温；4周龄前舍温保持在20℃以上，晚上喂料时使用灯光照明。

⑦分群、卫生及通风

随着鹅体的长大，1周龄后每平方米养雏鹅20只，2周龄后每平方米养雏鹅15只，随后视天气情况，如果适宜可大圈饲养，但每群最好不超过200只。雏鹅在生长过程中，每天从身上抖落的皮屑、羽毛较多，可在每天中午温度较高时抽风换气，没有条件的可短时

间开窗开门换气。勤扫栏舍，清除粪便，勤换垫料，保证舍内空气新鲜，同时搞好环境清洁卫生。

⑧定期消毒育雏舍

每天打扫鹅舍，经常清洗饲料槽、水槽，每隔 5 ～ 7 天用 0.2% 的百毒杀喷洒 1 次。

⑨严格执行免疫计划

根据本地实际情况和免疫程序，及时、正确地进行免疫，加强雏鹅对疫病的抵抗力。

（3）节草节粮型养鹅技术

①边隙地养鹅技术

鹅属草食型家禽，其生长发育需要大量的青绿饲料和部分粗饲料，青绿饲料是其营养的主要来源，因此，可利用丘陵、山坡、草地、田边地角、沟、渠、道旁的零星草地，以及小麦、水稻等收割后的茬地来进行放牧，这些地方生长着鹅可以利用的野生牧草，如水稗草、苦荬菜、蒲公英、鸡眼草、灰菜等，这些野草不但有较高的营养成分，而且很少被污染，还能达到节粮的目的。养鹅户在春夏季买鹅苗，1 周龄后视气温情况，开始放牧，晚上补饲，于秋冬季出售，每只鹅仅耗饲料 4 ～ 5 千克，可获利 15 元以上。有一部分养鹅户利用边隙地、河滩杂草、面粉厂的麦灰料、瘪稻等养鹅，取得了较好的经济效益。

②麦田、稻田养鹅技术

鹅在麦田（或稻田）适当采食麦叶、杂草，对小麦的生长无不良影响，同时为鹅提供充足的饲料，达到粮禽共增、共同发展的目的。每亩麦田养鹅 40 ～ 60 只，可获益 600 ～ 900 元。选择适宜的鹅、麦品种，以耐粗饲、生长快的四季鹅、隆昌鹅、扬州鹅等优良品种为主，麦种选用适合本地气候和土壤结构的小麦种子。麦田养鹅的小麦种，播种期宜提早 7 ～ 10 天，为了提供充足的麦叶，每亩的播种量应比常规量多 1.5 ～ 2.0 千克。一般在 12 月 20 日前后和翌年 1 月 20 日前后每亩增施 8 千克尿素，促使小麦冬前早发壮苗，放牧期间应补施促苗肥。2 月下旬以后，小麦拔节时应停止放牧，重施拔节肥、孕穗肥，每亩增施 10 千克尿素。并做好后期麦苗恢复管理工作，真正达到双增的目的。放牧管理：苗鹅一般在 12 月中上旬按每亩麦田

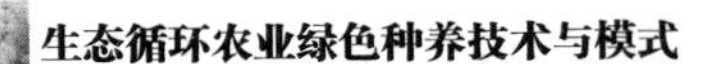

50只左右购进，室内饲养20天以后，逐步放牧于麦田，直到2月底出售。放牧期间应由专人管理，把麦田划分为若干小区域，进行轮牧，放牧时应使鹅呈“一”字形队伍，横向排开，鹅粪使土壤得到改良。需要注意的是麦田放牧与牧草地放牧不同，须对鹅进行调教，以免四处乱跑，最好利用“头鹅”领牧，效果较好。如果全天放牧，夜间须给鹅加喂一次配合饲料，一般以糠麸和谷物为主，还应补给1.5%骨粉、2%贝壳粉和0.3%食盐，以促使骨骼正常生长，防止软骨病和发育不良。

③林下养鹅技术

这种模式是在不占用耕地的前提下，利用果园或林下草地养鹅，是一种无公害养鹅模式，由于鹅在放牧时只采食林间的杂草，而不采食树叶、树皮，对果、林特别是幼林，不会造成危害。林园养鹅一般有3种形式：落叶林（果林）养鹅：在落叶林中养鹅可在每年的秋季树叶稀疏时，在林间空地播种黑麦草，至来年3月开始养鹅，实行轮牧制，当黑麦草季节过后，林间杂草又可作为鹅的饲料，鹅粪可提高土壤肥力。如此循环，四季皆可养鹅。常绿林养鹅：在常绿林中养鹅主要以野生杂草为主，可适当播种一些耐阴牧草，如白三叶等，以补充野杂草的不足，一般采用放牧的方式。幼林养鹅：在幼林中养鹅可利用树木小、林间空地阳光充足的特点，种植牧草如黑麦草、菊苣、红三叶、白三叶等，待树木粗大后再利用上述两种方法养鹅。

第三节　特色畜禽养殖

一、特色畜禽养殖品种

1. 适合生态养殖的马品种

（1）纯血马

纯血马原产于英国，主要用于赛马运动，后传于世界各地马术赛事。其体型外貌干燥细致，骨骼细，腱的附着点突出，肌肉呈长条状隆起，四肢的杠杆长的有力，关节和腱的轮廓明显。头中等长，

略显长而干燥。颈长直，斜向前方。尻长，呈正尻形。胸深而长，四肢高长。纯血马的遗传性稳定，能将其特点遗传给后代，用以改良地方品种效果良好。

（2）伊犁马

伊犁马是我国著名的培育品种之一，产于新疆伊犁地区，中心产区在昭苏、特克斯、新源、尼勒克，巩留等地，总数有10余万匹。伊犁马具有良好的兼用体型，体格高大，结构匀称紧凑。伊犁马具有体型外貌基本一致的品种特征和较为稳定的遗传性。具有力、速兼备的工作能力和较高的繁殖性能。耐粗饲、抗病力强，有较广泛的适应能力。

（3）河曲马

河曲马别名南番马，原产地产在甘肃、四川、青海三省交界处的黄河流域。河曲马主要属于兼用型。河曲马成年公马平均体高、体长、胸围、管围和体重分别为：137.2厘米、142.8厘米、167.7厘米、19.2厘米、346.3千克，成年母马分别为：132.5厘米、139.6厘米、164.7厘米、17.8厘米、330.8千克。

（4）哈萨克马

产于新疆的哈萨克马也是一种草原型马种，主要分布在新疆天山北麓、准噶尔西部和阿尔泰西段一带。其形态特征是头中等大，显粗重，背腰平直，毛色以骝毛、栗毛、黑毛为主，青毛次之。

（5）蒙古马

蒙古马是中国乃至全世界较为古老的马种之一，主要产于内蒙古草原，是典型的草原马种。蒙古马身躯粗壮，四肢坚实有力，体质粗糙结实，头大额宽，胸廓深长，腿短，关节、肌腱发达。被毛浓密，毛色复杂，具有适应性强、耐粗饲、易增膘、持久力强和寿命长等优良特性。经过调驯的蒙古马，在战场上勇猛无比，历来是一种良好的军马。

2. 适合生态养殖的驴品种

（1）关中驴

关中驴产于陕西省关中平原，其性温驯而活泼，被毛多黑色（亦

有栗、灰色）。关中驴体格高大，结构匀称，体型略呈长方形。头颈高扬，眼大而有神，前胸宽广，开张良好，体态优美。90% 以上为黑毛，少数为栗毛和青毛。关中驴被毛短细，富有光泽，多为黑色，其次为栗色、青色和灰色。以栗色和黑色，且黑（栗）白界限分明者为上选。

（2）德州驴

产于山东省德州、惠民以及河北省南部平原渤海沿岸地区，所以又名渤海驴。德州驴体格高大，结构匀称，外形美观，体型方正，头颈躯干结合良好。德州驴平均体高一般为 130 ～ 135 厘米，最高的可达 155 厘米，德州驴生长发育快，12 ～ 15 月龄性成熟，2.5 岁开始配种。1 岁驹体高、体长为成年驴的 85% 以上。母驴一般发情很有规律，终生可产驹 10 头左右；作为肉用驴饲养成年平均体重可达 200 千克，屠宰率可高达 54%，出肉率较高。

（3）佳米驴

佳米驴是我国驰名的中型驴种，主要产于陕西省佳县、米脂、绥德三县和山西省的临县等地。佳米驴对干旱和寒冷气候的适应性强，耐粗饲，抗病力强，消化器官疾病极少，也能适应黑龙江、青海等地寒冷气候，耐粗饲、耐劳苦，性情温顺，行动敏捷，既有使役价值又有肉用价值。

3. 适合生态养殖的兔品种

（1）四川白兔

四川白兔广泛分布于四川省。适应性、繁殖力和抗病力均较强，耐粗饲，是四川省分布较广的皮肉兼用地方品种。四川白兔体型小，结构紧凑。头清秀，嘴较尖，无肉髯。眼红色，耳短小、厚而直立。母兔最早在 4 月龄即开始配种。公兔一般都在 6 月龄开配。母兔最多年产仔可达 7 窝，最多的一窝产仔 11 只。

（2）福建黄兔

福建黄兔为福建兔的黄毛系，是福建省古老的地方优良品种。其具有适应性广、抗病力强、繁殖率高、胴体品质好和药用功能等

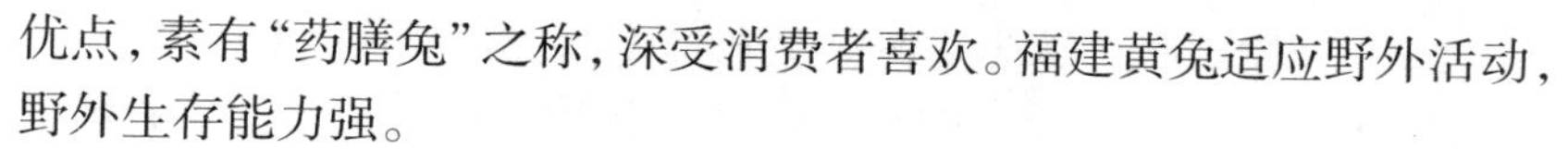
优点，素有“药膳兔”之称，深受消费者喜欢。福建黄兔适应野外活动，野外生存能力强。

（3）云南花兔

云南花兔是一种肉皮兼用型兔，它的适应性广，抗病力强且生长快。耳短而直立，嘴尖，无垂髯，白毛兔的眼为红或蓝色，其他毛色兔的眼为蓝或黑色。毛色以白色为主，其次为灰色、黑色、黑白杂花，少数为麻色、草黄色或麻黄色。云南花兔是一种肉皮兼用型兔，它的适应性广，抗病力强且生长快。

（4）万载兔

万载兔具有耐粗饲、抗病力强、胎产仔数高，对中国南方亚热带温湿气候适应性强，被毛毛色多样且遗传性能相对稳定、肉质好等优良特性，对培育适合南方亚热带地区养殖的肉用兔新品种、新品系和提高家兔自身免疫性能有较高的利用价值。

二、特色畜禽养殖技术

1. 马的养殖技术

（1）公马的饲养管理

为了保证种公马体质健壮、性欲旺盛、精液量多且品质好，延长使用年限，必须要有正确的饲养管理方法。在饲养上，首先要保证种公马的营养需要，粗饲料主要是由优质干苜蓿和羊草混合而成，除了饲喂精料和粗饲料以外，为了提高精液品质，最好补充一些维生素进行“特殊关照”。在非配种期间，精料参考配方为燕麦50%、黄豆10%、黑豆10%、麸皮10%、玉米10%、葵花籽8%、矿物质2%。其中，矿物质包括盐、钙粉等。另外，黄豆要用水泡透，黑豆要煮熟。在配种期间，可以降低燕麦5%的比例，增加鸡蛋、酸奶、红米等营养饲料。

（2）母马的饲养管理

种母马主要分为空怀期和妊娠期。空怀期母马体重下降较快，需要提高营养，促进发情。

粗料为8～12千克/天，精料为3～4千克/天。粗料可以是优质苜蓿、羊草。其中精料参考配方为：燕麦35%、黄豆15%、黑

豆 12%、麸皮 10%、玉米 15%、葵花籽 10%、矿物质 3%。

妊娠母马：妊娠母马的饲养管理，除满足母马本身的营养需要外，还要保证胎儿的正常发育及产后泌乳的需要，所以怀孕母马的日粮必须含有丰富的营养。妊娠期应增加富含钙、磷、维生素的食物。推荐使用胡萝卜、马铃薯和甜菜，这些食物可以提高维生素的摄入，有助于消化，还可以预防流产。妊娠期最后 1 ～ 2 个月的饲养管理对泌乳量的提高非常重要，要加强饲养，但在分娩前 2 ～ 3 周应适当减少饲料，给予质地优良、松软、易消化的饲料。

（3）幼驹的饲养管理

幼驹出生后，对外界适应能力比较差，而其发育又同以后成年马的生产性能密切相关。因此，必须重视幼驹的饲养管理。整个幼驹期为 6 个月。幼驹出生 3 天内，如果天气好，可让幼驹随母马做户外运动。10 ～ 15 天时，幼驹开始自行吃草，1 个月后开始补料。准备易消化的麸皮和压扁的大麦、燕麦等，加适量豆饼，饲喂时加水、浸湿拌匀，开始每日 50 克，分 2 次喂，以后逐渐增加饲喂次数至每日 3 次。

（4）育成马的饲养管理

幼驹满 6 月龄时，就可以从幼驹舍转入育成马舍，进入育成马阶段，育成马阶段时间为 6 ～ 30 月龄。这一阶段是幼驹全面生长发育的时期，应补充肌肉骨骼生长素、奶粉等营养物质。以上为大家介绍的是依据生理特性进行的区别饲喂，另外，在马匹的实践使用中，运动强度是非常重要的一个指标，所以，也要结合马匹不同程度的运动强度进行个性化饲喂。

（5）马在饲喂时的注意事项

马匹通常日喂 3 ～ 4 次，每天要定时饲喂，不得随意更改饲喂时间，以免破坏马的饮食规律而导致消化系统紊乱。每日的精料白天分 2 ～ 3 次饲喂，每次饲喂时，应本着先粗后精的原则，即先喂粗饲料，后喂精饲料。提倡晚上补饲，俗话说：马无夜草不肥，这可是有一定科学道理的。因为，白天马大多处于运动或者劳役状态，没有充足的时间消化和吸收饲料，所以，可以把每天饲喂干草量的一半以上放在晚上饲喂。

2. 驴的养殖技术

驴的人工养殖中，驴舍应达到通风干燥、卫生清洁、冬暖夏凉的要求，最好选择背风、向阳、干燥、温暖而又凉爽的房屋，可设计成半封闭式。肉驴一般采用舍饲进行养殖，饲喂等工作都在驴舍里进行。集约化肉驴育肥，以圈厩养殖为好。一般的圈厩达到上能挡雨、下可遮风的效果就可以。圈舍内应该设有供给食用的食槽，每头驴应留足 60 ～ 80 厘米的食位。在成年驴之间，按食位的距离，设置坚固的栅栏为障，以阻止其互相袭扰。驴舍外要设运动场，可让驴在运动场上打滚儿或自由活动。运动场面积约为驴舍面积的 2 倍。为了预防肉驴群发病，就要注意和加强驴舍的日常管理工作。驴舍日常管理工作主要做到经常保持驴舍和运动场的清洁，还要定期消毒。消毒药液一般使用 2% 火碱和 1：130 的益康消毒液，并将这 2 种药液交替使用。消毒时，可将配好的消毒液直接喷洒驴舍内的地面和墙壁以及舍外运动场，每周喷洒 1 次即可。

（1）育肥前的饲养管理技术

要对购进的驴先进行驱虫，然后按性别、体重分槽进行饲养。对于初生驴，从 15 日龄开始饲喂由玉米、小麦、小米等份混匀熬成的稀粥，加少许糖（糖不能喂得太多，一般是将糖用作诱食）。精料饲喂从每日喂 10 克开始，以后逐步增加。到 22 日龄后，每日喂混合精料 80 ～ 100 克，其配方为大豆粕加棉籽饼 50%、玉米面 29%、麦麸 20%、食盐 1%，1 月龄每头驴日喂 100 ～ 200 克，2 月龄日喂 500 ～ 1000 克。如果是新购进的成年驴或是淘汰的役驴，就应该先饲喂易消化的干草、青草和麸皮，经几天观察正常后，再饲喂混合饲料，粗料以棉籽壳、玉米秸粉、谷草、豆荚皮或其他各种青草、干草为主，精料以棉籽饼（豆饼、花生饼）50%、玉米面（大麦、小米）30%、麸皮（豆渣）20% 配合成。饲喂时讲究少喂勤添，饮足清水，适量补盐。

（2）育肥期的饲养管理技术

要根据肉驴的年龄、体况、公母、强弱进行分槽饲养，不放牧，以减少饲料消耗，利于快速育肥。肉驴育肥进程可分为适应期、增

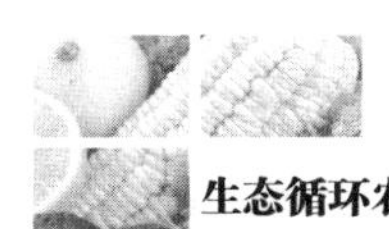

肉期、催肥期3个阶段，因而应根据育肥进程做好肉驴育肥期的管理。成年驴所喂饲料与适应期的饲料相同。幼驴日补精料量从100～200克开始，2月龄后日补500～1000克，以后逐月递增。到9月龄时日喂精料可达3.0～3.5千克。全期育肥共耗精料500千克。若将棉籽炒黄或煮熟至膨胀裂开，每头驴日喂1000克，育肥效果更佳。

（3）催肥期的饲养管理技术

催肥期为2～3个月，主要促进驴体膘肉丰满，沉积脂肪。除上述日料外，还可采取以下催肥方法：①每头驴每天用白糖100克或红糖150克溶于温水中，让驴自饮，连饮10～20天。②每头驴取猪油250克、鲜韭菜860克、食盐10克炒熟喂，每日1次，连喂7天。③将棉籽炒黄熟至膨胀裂开，每头驴每日喂1000克，连喂15天。在育肥过程中再添加适量锌，可预防脱毛及皮肤病。舍饲肉驴一定要定时、定量供料，每天分早、中、晚、夜4次喂饲，春夏季白天可多喂1次，秋冬季白天可少喂1次，但夜间一定要喂1次。

（4）搞好养殖环境及疾病防疫

肉驴同骡马一样，容易患传染性贫血、鼻疽和破伤风等。集约化养殖肉驴更要坚持"防治结合、预防为主"的原则，注意环境卫生，防止疫病发生。

①肉驴在下槽离圈时，应让其饮足清洁水，严禁饮用污染水或脏水。

②搞好饲舍卫生，圈厩内不留隔夜粪便，食槽和水缸要定期清洁消毒。圈厩应建在远离村庄的地方，以免受疫病感染。

③肉驴每次进圈或出圈时，尤其是使役完毕后，要让其痛痛快快地打几个滚，并逐个进行刷拭。这样做不仅有利于皮肤清洁，更能促进血液循环，加强生理机能，增进健康。

④经常观察，一经发现肉驴有不适之态，或有减食表现，要立即请兽医处理。

⑤在设置食位隔护栏时，越坚固越好，以免公母混养的圈厩，因相互撕咬、碰撞而造成意外创伤，诱发破伤风。

3. 兔的养殖技术

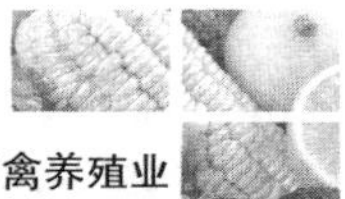

种公兔饲养的好坏，对后代起着至关重要的作用。因此，必须对公兔进行科学的饲养管理。种公兔要注意营养全面，在非配种季节也要维持一定的营养水平，使种公兔健壮而不过肥。在配种季节，饲料应营养价值高、容易消化、适口性好，日粮中适当地加入大麦芽、胡萝卜、豆饼等。公兔精液的质量，取决于饲料中的营养，所以要保证营养全面。日粮中蛋白质含量，非配种期为12%，配种期为14%、15%，适当补充鱼粉、蚕蛹粉、鸡蛋或血粉等动物性蛋白质饲料。每千克日粮中应含钙0.8%、磷0.4%，维生素A 0.6%或胡萝卜素0.85～0.9毫克，在配种前1个月应补饲胡萝卜、麦芽、黄豆或多种维生素。

（1）配种期要增加饲料量

因增加营养物质后需经20天才能从精液上看出效果，因此，应在配种前1个月增喂配种期饲料。每天配种2次时须增加饲料量25%，增加精料30%～50%。同时供给谷物型酸性饲料，可加强公兔精子的形成。种公兔的饲料要求营养价值高，容易消化，适口性好，如果喂给容积大、难消化的饲料，必然增加消化道的负担，引起消化不良，从而抑制公兔性活动。如果营养不足会引起公兔亏虚和精子活力降低。同时要加强运动，使其性欲旺盛，以提高精液质量。

（2）留种

选作种用的公兔到3月龄后，必须与母兔分开饲养。因为此时公兔的生殖器开始发育，公母兔混在一起会发生早配或乱配现象。种公兔到4月龄后，应分开单独饲养，以增强它的性欲和避开公兔之间互相斗殴，公兔笼和母兔笼要保持较远的距离，避免异性刺激。配种时，应把母兔捉到公兔笼内，不宜把公兔捉到母兔笼内进行交配。因为公兔离开了自己熟悉的环境或气味不同，都会使之感到突然，精力不集中，抑制性活动机能，影响配种效果。配种次数一般1天2次为宜，后备种公兔不能过早使用，以免影响生长发育，造成早衰。成年公兔每交配2天后应休息1天，切勿使用次数过多，否则会影响公兔精液品质和使用年限。为了避免公兔交配负担过重，每只公兔可固定母兔8～10只，配种公兔还要定期检查生殖器，如

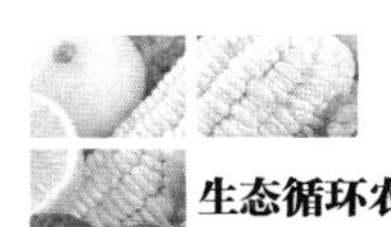

发现有炎症或其他疾病则应立即停止配种，及时给予治疗。另外，公兔在换毛期不宜配种，因为换毛期间，消耗营养过多，体质较差，此时配种会影响公兔健康和母兔受胎率，此期间应加强蛋白质饲料，促进换毛。种公兔要保持多运动，多晒太阳，以防止肥胖或四肢软弱，一般每天要保证 2 ～ 4 小时的户外运动。同时要保持笼舍清洁卫生，勤打扫，勤消毒，控制疾病发生。

（3）母兔的饲养管理

①空怀期管理

母兔的空怀期是指仔兔断奶到再次怀孕的一段时间。空怀期母兔，由于经历了妊娠、泌乳，消耗体内大量的营养物质，身体比较瘦弱，为了使母兔尽快恢复体力保持正常发育、配种和怀孕，要补充营养，但在空怀期的母兔不能养得过肥或过瘦。

②怀孕期管理

母兔在怀孕的 15 ～ 25 天易流产，流产前也会衔草拉毛营巢，生出未成形的胎儿多被母兔吃掉。为了防止流产，应注意日粮的营养水平和饲料卫生，不喂发霉变质的饲料，不突然改变日粮，不无故捕捉母兔，兔舍要保持安静，做好产前护理工作。

③哺乳期饲养管理

母兔分娩到仔兔断奶这一段时间，为了获得发育正常、增重快而健壮的仔兔，必须设法提高母兔的泌乳量。母兔分娩后 1 ～ 2 天食欲不振，体质弱，此时要多喂些鲜嫩青绿多汁饲料，少喂精料，3 天以后逐步增加精料量。

④临产母兔饲养管理

对怀孕已达 25 天的母兔可调整到同一兔舍内以便管理，兔笼和产箱要进行消毒，消毒后的产箱放入笼内，产箱内要有充足的优质柔软的经过日光消毒的垫草，放入箱内让母兔熟悉环境，便于衔草、拉毛做窝。产仔期间需专人昼夜值班。不拉毛的母兔需人工帮助拉毛，拉毛可促进泌乳。

（4）仔兔的饲养管理

仔兔饲养管理，依其生长发育特点可分为睡眠期和开眼期两个阶段。

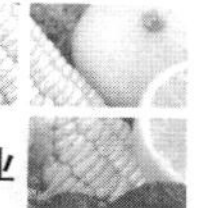

①睡眠期

仔兔出生后至开眼期前，称为睡眠期。在这个时期内饲养管理的重点是：早吃奶，吃足奶。初乳中有许多免疫抗体，能保护仔兔免受多种疾病的侵袭，应保证初生仔兔早吃奶、吃足奶。睡眠期的仔兔要能吃饱奶、睡好，就能正常生长发育。初生仔兔全身无毛，产后 4 ～ 5 天才开始长出细毛，这个时期的仔兔对外界环境适应能力差、抵抗力弱，因此，冬春寒冷季节要防冻，夏季炎热季节要降温防蚊，同时要防鼠兽害。认真做好清洁工作，稍一疏忽就会感染疾病。

②开眼期

12 天左右开眼，从开眼到离乳，这一段时间称为开眼期。此时期，由于仔兔体重日渐增加，母兔乳汁已不能满足仔兔需要，常紧迫母兔吸吮乳汁，所以开眼期又称追乳期。在这段时间饲养重点应放在仔兔的补料和断奶上。

抓好仔兔的补料。野兔到产后 16 日龄就开始试吃饲料。这时，可以少喂些易消化而又富含营养的饲料，如豆浆、豆腐或剪碎的嫩青草，青菜叶等。到产后 18 ～ 20 日龄时，可喂些干的麦片或豆渣，到产后 22 ～ 26 日龄时，可在同样的饲料中拌入少量矿物质、抗生素、洋葱等消炎、杀菌、健胃药物，以增强体质，减少疾病。在喂料时要少喂多餐，均匀饲喂，逐渐增加。一般每天喂给 5 ～ 6 次，每次分量要少一些。在开食初期哺母乳为主，饲料为辅，直到断奶。在这个过渡阶段，要特别注意缓慢转变原则，使仔兔逐步适应，才能获得良好效果。

抓好仔兔的断奶。仔野兔到 40 ～ 45 日龄，体重 500 ～ 600 克就可断奶。过早断奶，仔兔的肠胃等消化系统还没有充分发育成熟，对饲料的消化能力差，生长发育会受影响。断奶越早，仔兔的死亡率越高。但断奶过迟，仔兔长时间依赖母乳营养，消化道中各种消化酶形成缓慢，也会引起仔兔生长缓慢，对母兔的健康和每年繁殖次数也有直接影响。采用一次断奶法，即在同一日将母子分开饲养。对离乳母兔在断奶后 2 ～ 3 日，只喂青料，停用精料，以利断奶。

抓好仔兔的管理。仔兔开食时，往往会误食母兔的粪便，易感染球虫病。为保证仔兔健康，最好从 15 日龄起，母仔分笼饲养，但必须定时给奶；常给仔兔换垫草，保持笼内清洁干燥；要经常检查仔兔身体健康情况，让仔兔到运动场上适当运动；断奶仔兔的日粮要配合好。

（5）兔育肥期的饲养管理

催肥期幼兔一般从断奶期开始催肥，3 ～ 3.5 月龄，体重达 2.5 千克时要宰杀。在催肥期间，若发现兔采食量忽然减少，即标志兔催肥成熟，应立即出售。

①公兔去势

去势有利于公兔积蓄脂肪，降低饲料消耗，使育肥速度提高 15%。去势时间应选在公兔出生后的 56 ～ 70 天。常用去势方法是手术切除法：先将公兔腹部朝上放在凳子上，用绳将四肢固定，左手将其睾丸从腹部挤入阴囊，捏紧，使睾丸不能滑动，以酒精消毒阴囊，用手术刀将阴囊切开 1 个口子，挤出睾丸，切断精索，取出睾丸，用线缝好伤口再用碘酒涂切口。

②精心管理

催肥兔的饲料以精料为主，合理配方是：玉米 23.5%、大麦 11%、麦麸 5%。豆饼 10%、干草粉 50%、食盐 0.3%、维生素和微量元素 0.2%。饲喂应定时定量，加喂夜食，每天喂 3 ～ 4 次。全天饲喂量的比例，一般是早晨占 30%、中午 20%、晚上 50%。

（6）养殖兔的主要疾病与防治

兔的抗病力强，只要做好卫生防疫工作，一般不会轻易得病；但在日常的饲养管理过程中仍要注意疾病的防疫与治疗。当前侵袭我国兔业发展的主要疾病，主要是传染病，其次是寄生虫病。

①野兔病毒性出血症（俗称兔瘟）

它是在传染病中威胁最大的一种病，该病从 1984 年至今，我国所有养兔区，可以说都有过此病的流行，而且在亚洲、欧洲、美洲、大洋洲等一些国家也相继发生过此病。因此，此病已成为世界性养兔大敌。尤其以侵害壮年兔为主，死亡率可高达 100%。所以兔瘟的

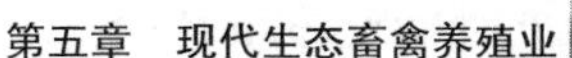

危害性可以说是兔病之冠，一般情况下不轻易得此病。近几年，发现本病流行和发病特点有向幼龄化变化的趋向，应该加以注意。由于有些地区不够重视防疫措施，造成本病呈零星发生或地方性流行的现象仍然存在。因此，不能掉以轻心。

②真菌性疾病

真菌是一种对外界环境的适应能力较强，对营养要求不高的一类单细胞或多细胞的微生物。近几年，我国养兔场、户饲养规模趋大，兔的数量多、密度大，在密集型的饲养条件下，兔一旦感染了真菌性疾病，其传染较迅速，而且会导致皮、毛的损害。因此，此病对养兔业危害极大。

③腹泻病

病原包括有魏氏梭菌、大肠杆菌、克雷伯氏菌。这 3 种细菌感染野兔后都是以腹泻为特征。但兔腹泻的病因学是一个复杂问题，即包括了病原微生物的致病作用，也包括饲养管理方面的因素，在平均 10% ～ 20% 死亡兔群中几乎有 70% 以上是由于腹泻病而死的。腹泻病的微生物因子往往是条件性的，即当设备条件简陋、卫生条件差、饲料品质不良、饲养管理低下等不良条件，其本身除可以引起兔子发生腹泻外，还也可以诱发微生物的致病作用。另外应考虑的是，兔是食草性动物，在日常饲料配比中，应以青草为主，精料为辅，草中纤维素能刺激胃肠黏膜，维护肠肌肉系统的紧张性，降低盲肠、结肠负荷，若饲料中缺乏纤维会影响胃肠道功能而引起腹泻，同样道理，过多谷物进入肠道，就天然地给微生物大量繁殖创造条件，导致微生物增殖，产生毒素，引起腹泻。当然，除饲料因素外，还包括季节因素（严寒或酷暑）、不洁的饮水和饲草等诸多方面的因素。

【能量加油站】

异位发酵床

异位发酵床也称场外发酵床或独立式发酵床，在处理猪粪污上，异位与原位发酵床基本原理相似，区别是该模式将养殖与粪污发酵处理分开，即在猪舍外另建垫料发酵棚舍，猪不接触垫料，待养猪场粪污收集后，利用潜泵均匀喷在垫料上进行生物菌发酵(图2-17)。

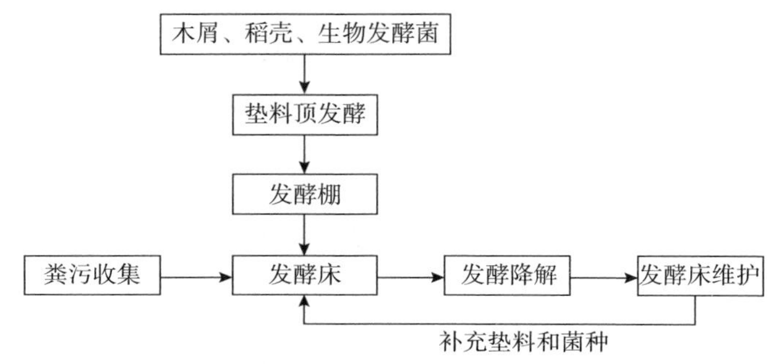

图2-17 异位发酵床工艺流程

异位发酵床一般由发酵池、垫料、粪污管道、机械设备等组成，利用稻壳、锯末、秸秆粉等作基质原料，加入微生物菌剂，充分混合搅拌后，铺在发酵池内。将猪粪污通过管道喷洒在发酵床上，利用机器翻耙，使垫料和粪污搅拌混合后进行发酵。发酵产生的高温将水分蒸发掉，粪便大部分被微生物分解，转化成有机肥，最终实现养殖场粪污不对外排放的目的。

特别提醒：如果养殖场周边有充足的消纳粪污的土地，应优先进行土地消纳，消纳不完全或无消纳土地时才考虑异位发酵床。

1. 异位发酵床大棚

在综合考虑占地面积和投资成本的前提下，异位发酵床模式比较适合处理存栏1000头以下的养猪场。以存栏500头猪为例，养猪场1天的粪污产生量为5吨左右，需要100米3的垫料即可。如垫料铺成50厘米厚，则只需要200米2的大棚配套。可使用塑料大棚，长方形为宜，棚内径宽度可根据导轨式翻耙机长度设定，一

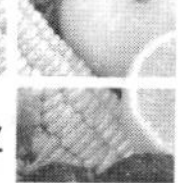
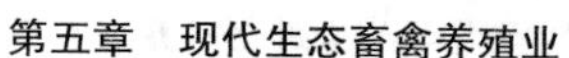

般 3.65 米。如果不使用翻耙机，宽度可根据需要设计。

2. 配套设备

异位发酵床设备主要有粪污搅拌机、切割泵、喷淋机、翻耙机等。对于小规模养猪场，建议采用人工或微耕机翻耙，减少投入。

3. 技术要点

(1) 发酵床制作

主料要求选择吸水性和通透性较好的原料作载体，可因地制宜选择垫料资源，如锯木屑、菌糠、稻壳、秸秆粉等，比例占物料 70% 以上。辅助原料有饼粕、麦麸、过磷酸钙、生石灰等，主要用于调节物料含水量、pH、通透性等，占比不超过 30%。物料应提前搅拌，混合均匀后再进行铺设，厚度 50 厘米左右。首次使用要先在床体表面喷洒嗜热型菌种，用翻堆机将菌种与床体物料充分混合，然后喷洒粪污，床体开始进行发酵。

（2）运行维护

床体制作完成后，间隔 4 ～ 5 天喷洒一次粪污，要防止单次过量添加形成“死床”。开始两周每日用翻堆机翻动 4 次床体，以后每日 2 次即可。要保证粪污喷淋均匀，异位发酵床不能只喷淋上清液而不喷淋固态粪污。发酵过程能不断蒸发粪污中的水分，当发酵池里面发酵基质的高度沉降 20 ～ 25 厘米时，需要补充发酵基质原料。床体可反复使用，但要根据情况适当补充垫料和菌种，保持发酵床的生物活力，使用期限一般 2 ～ 3 年为宜。其他操作可参考生态发酵床养殖部分。

4. 适用范围该方法适合中小规模养猪场或养牛场使用。

【思考与探究】

了解一下你的家乡主要有哪些畜禽品种，采用了哪种养殖方法?

【诗意田园】

行香子·树绕村庄

【宋】秦观

树绕村庄，水满陂塘。倚东风，豪兴徜徉。

小园几许，收尽春光。有桃花红，李花白，菜花黄。

远远围墙，隐隐茅堂。飏青旗，流水桥旁。

偶然乘兴，步过东冈。正莺儿啼，燕儿舞，蝶儿忙。

（图片来源：https://www.163.com/dy/article/G3H6VH8E0521E1EJ.html）

第六章 现代生态水产养殖业

【学习目标】

知识与能力目标

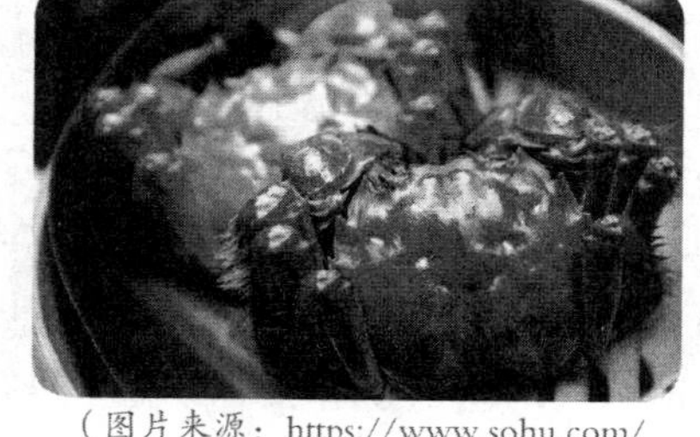
（图片来源：https://www.sohu.com/a/117741430_467267）

掌握池塘生态工程化养殖技术；

掌握工厂化循环水养殖的技术；

了解多营养层次综合养殖技术；

学习稻渔综合种养技术；

了解网箱养殖、筏式养殖、大水面放牧式养殖等养殖技术。

素质目标

依靠科技创新和技术进步，发挥地区生态环境优势，建立水产品健康养殖智能管理系统，全面提高水产品健康水平。

【思政目标】

引导学生采取多种方式，运用多种新媒体，广泛宣传发展绿色循环农业的重要意义、目标任务、基本要求和技术模式，总结推广先进经验、典型做法和成效成果，让发展绿色循环农业成为全社会的共识。

第一节　池塘生态工程化养殖

池塘养殖是中国水产养殖的主要形式和水产品供应的主要来源。据《中国渔业统计年鉴（2019）》资料，2018 年全国有池塘 306.7 万公顷，产量 2457.6 万吨，占全国渔业总产量的 49.2%，在保障食品安全方面发挥了不可替代的作用。中国有悠久的池塘养殖历史，是世界上最早开展池塘养殖的国家，中国的“桑基渔业”“蔗基渔业”等生态模式和“八字精养法”等养殖技术，为世界水产养殖业做出了巨大的贡献。

池塘生态工程化养殖是按照池塘养殖生态系统结构与功能协调原则，结合物质循环与能量流动优化方法，设计的可促进分层多级利用物质的池塘养殖方式。池塘生态工程化养殖建立在生物工艺、物理工艺及化学工艺的基础之上，它依据自然生态系统中物质能量转换原理并运用系统工程技术去分析、设计、规划和调整养殖生态系统的结构要素、工艺流程、信息反馈关系及控制机构，以获得尽可能大的经济效益和生态效益，是符合“创新、协调、绿色、开放、共享”发展理念和水产养殖调结构、转方式，“提质增效、减量增收、绿色发展”的生态高效养殖方式（唐启升，2017）。

一、发展现状

生态工程（ecological engineering）是 1962 年美国 H.T.Odum 提出并定义为“为了控制生态系统，人类应用来自自然的能源作为辅助能对环境的控制”。20 世纪 80 年代后，生态工程在欧美等国逐渐发展，出现了多种认识与解释，并提出了生态工程技术。我国的生态工程最早由已故生态学家马世骏先生于 1979 年提出，并将生态工程定义为：“应用生态系统中物种共生与物质循环再生原理，结构与功能协调原则，结合系统分析的最优化方法，设计的促进分层多级利用物质的生产工艺系统”。近 20 年来，生态工程化技术在水产养殖中发展迅速，并形成了生态工程化的养殖模式。近几年，一些

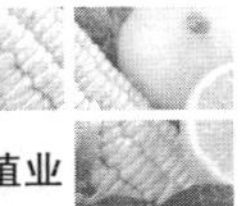

专家对生态工程化系统根据养殖对象的不同做了更进一步的构建和优化，取得了良好的效果，为中国池塘生态工程化养殖奠定了基础，成为改变传统池塘养殖模式的重要手段。

国外池塘养殖不发达，但在池塘养殖生态特征和调控等方面研究较为深入。近30年来，随着中国池塘养殖产量的不断提高，养殖过程中资源消耗大、养殖污染重、产品质量差以及生产效率低等问题日益突出，为了解决以上问题，集成了生态学、养殖学、工程学等的原理方法和生态工程化养殖方式在中国快速发展，复合人工湿地、生态沟渠、生态护坡等生态工程设施和渔农结合、生态位分隔、序批式设施等高效养殖模式不断出现。至2015年底，全国生态工程化养殖已达到5万公顷以上，取得了良好的社会、经济、生态效益，成为中国池塘养殖转型升级的重要方法。2015年以来，以唐启升院士为首的一批水产专家在充分调研我国水产养殖状况的基础上，更提出坚持“高效、优质、生态、健康、安全”发展理念。

二、生态工程化技术

1. 基本原则与特点

生态工程是从系统思想出发，按照生态学、经济学和工程学的原理，运用现代科学技术成果、现代管理手段和专业技术经验组装起来的，以期获得较高的经济、社会、生态效益的现代农业工程系统。建立池塘养殖生态工程模式须遵循如下几项原则。

（1）因地制宜

根据不同地区的实践情况来确定本地区的生态工程模式。

（2）增加物质、能量、信息的输入

生态系统是一个开放、非平衡的系统，在生态工程的建设中必须扩大系统的物质、能量、信息的输入，加强与外部环境的物质交换，提高生态工程的有序化，增加系统的产出与效率。

（3）交叉综合的生产方式

在生态工程的建设发展中，必须实行劳动资金、能源、技术密集相交叉的集约经营模式，达到既有高的产出，又能促进系统内各组成成分的互补、互利协调发展。

生态工程有独特的理论和方法，不仅是自然或人为构造的生态系统，更多的是社会—经济—自然复合生态系统，这一系统是以人的行为为主导、自然环境为依托、资源流动为命脉、社会体制为经络的半人工生态系统。

2. 生态工程的方法

生态工程技术通常被认为是利用生态系统原理和生态设计原则，生态工程规划与设计的一般流程为：生态调查系统诊断综合评价生态分区及生态工程设计、配套、生态调控等。

生态分区与生态工程设计：根据生态调查、系统诊断及综合评价的结果，进行生态分区，在生态分区的基础上进行生态工程的设计。生态分区是根据自然地理条件、区域生态经济关系及农业生态经济系统结构功能的类似性和差异性，把整个区域划分为不同类型的生态区域。现有的区划方法有经验法、指标法、类型法、叠置法、聚类分析法等，根据分区的原则与指标，运用定性和定量相结合的方法，进行生态分区，并画出生态分区图。图 6–1 为池塘生态工程化循环水养殖模式。

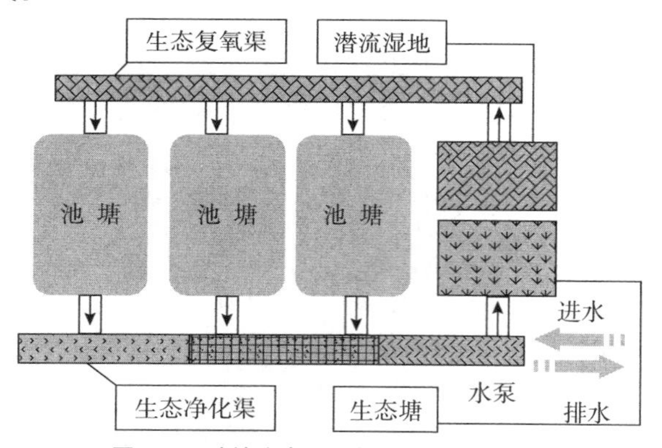

图 6–1 池塘生态工程化循环水养殖模式

3. 池塘养殖的生态工程化设施

（1）池塘生态坡

生态坡是一种对水坡岸带进行的生态工程化措施，具有防止水土冲蚀、美化、水源涵养等功能。一般采用“活枝扦插”“活枝柴笼”“灌

丛垫”及土壤生物工程技术等，生态护坡可以使坡岸土壤剪切力、紧实度和土壤湿度都明显提高，延缓径流和去除悬浮物，沟渠内水质得到明显改善，总氮和总磷含量显著下降，沟渠坡岸的生境质量和景观效果得到改善，生物多样性明显增加。

池塘生态坡水质调控设施系统可由池底自控取水设备、布水管路、立体植被网、水生植物组成。池底自控取水系统由水泵和 UPVC 给水管组成，通过水泵将池塘中间部位的底层水输入到生态坡布水管道中，水泵一般为潜水泵，动力及扬程大小根据生态坡水力负荷决定，日输水量一般不低于泡塘水体的 10%。由于生态坡较长，布水管路系统一般由 3 种不同直径的给水管组成，输水主管为直径 150 毫米的 UPVC 管，在坡上通过三通与两条直径 75 毫米的 UPVC 管相通，每条直径 75 毫米的 UPVC 管再通过三通与两条直径 50 毫米的 UPVC 布水管相通，布水管的孔径截面积一般为进水管截面积的 1.2 ～ 1.4 倍，以便于布水均匀。

绿化砖和立体植被网覆于塘埂上面，塘埂坡比 1 ∶ 2.5，植被网上覆 10 厘米左右的覆土，在池塘水深 1.8 米情况下，水淹部分幅度为 0.3 ～ 0.5 米。池塘三维植被网生态坡净化调控系统具有潜流湿地和表流湿地双重特点，空隙率为 4% ～ 9%，构建坡度应小于 1 ∶ 2.5，水流速度应高于 0.13 米 / 秒。

生态坡上栽种水生植物，如水芹菜、蕹菜、生菜等，用于截流吸收养殖水体中的营养物质。池塘养殖水体通过生态坡净化后渗流到池塘中，从而达到净化调控养殖水体的作用。

（2）生化渠

基于生化处理的池塘养殖系统由养鱼池塘组成，立体弹性填料生化床放置在池塘排水渠道内，构建生物净化渠道，生化渠道的水经净化处理后通过水泵将水打入陶粒快滤净化床中，经强化处理后流回进水渠道再进入鱼池。

养鱼池塘、生物净化渠道的水平面高度相同，陶粒快滤净化床位于进水渠道之上，养鱼池塘通过插管装置与生物净化渠道连通，生物净化渠道通过水泵连接陶粒快滤净化床，陶粒快滤净化床通过进水渠道与养鱼池塘连通。

①立体弹性填料净化沟渠构建技术

立体弹性填料净化床（生物包）由角铁件和填料组成，结构与排水渠一致，生物包放置在排水渠道内，排水渠道为水泥护坡结构，倒梯形结构，上底 3.0 米、下底 2.0 米、高 2.2 米，在生物净化渠道内每隔 3 ～ 5 米放置一个立体弹性填料净化床，单个立体弹性填料净化床的长度为 3 ～ 5 米，立体弹性填料净化床与渠道截面一致，弹性填料的比表面积为 200 平方米 / 立方米，立体弹性填料净化床顶面高度低于渠道过水水面 5 ～ 10 厘米。生化床高 1.5 米，截面积为 3.75 平方米。

②陶粒生化滤床构建技术

陶粒生化滤床的原理与立体弹性填料净化床一致，主要利用生化反应净化养殖水体中的氮、磷等营养盐，陶粒有较大的比表面积和较小的比重，本设计主要是从流化床原理设计制造的池塘养殖水体净化装置，从试验运行效果来看其水体净化效率还是很高的，影响其净化效率的因素除排放水营养盐浓度、温度等因素外还有停留时间、陶粒容重、孔隙率等，需要进一步研究。

陶粒生化滤床为回转式结构，由 PE 桶体、高强度黏土陶粒、导水回流板体、进排水系统组成。PE 桶体为圆形，直径 3 米，高度 1.5 米；高强度黏土陶粒直径 10 ～ 20 毫米，比重为 0.95 千克 / 升，厚度 50 厘米；导水板为 PE 板或 PVC 板，板距 1 米；底部过水处长宽 20 ～ 30 厘米范围内均布 10 毫米孔，全部开孔面积大于进水管口面积的 1.5 倍；进出水系统由进水管、排水管组成，进水管为穿孔 PVC 管，插入到黏土陶粒底部，排水管为侧开孔 PVC 管，排水管直径大于进水管直径 1 ～ 5 倍，回转式养殖水体高效净化装置的水流停留时间大于 15 分钟。

（3）生物塘

又称为生态塘、稳定塘、氧化塘，是以自然池塘为基本构筑物，通过自然界生物群体如微生物、藻类水生动物净化污水的处理设施。污水在塘中的净化过程与自然水体的自净过程相似，污水在塘内长时间储留，通过塘内生物吸收、分解污水中有机物、氮、磷等污染物。生物塘是一种成熟的污水净化设施，在池塘养殖中利用生物塘不仅

可以净化水质，还可以提高池塘养殖系统的物质利用率，具有良好的生态经济效益。

①生物塘的类型与设计

按照生物塘内微生物的类型和供氧方式来划分，生物塘可以分为以下 4 类：好氧塘、兼性塘、厌氧塘和曝气塘。

★ 好氧塘：好氧塘是一种菌藻共生的好氧生物塘。深度一般为 0.3 ～ 0.5 米。阳光可以直接射透到塘底，塘内有细菌、原生动物和藻类。由藻类的光合作用和风力搅动提供溶解氧，好氧微生物对有机物进行降解。

★ 兼性塘：有效深度为 1.0 ～ 2.0 米。上层为好氧区，中间层为兼性区，塘底为厌氧区。兼性塘是最普遍采用的生物塘系统。

★ 厌氧塘：塘水深度一般在 2 米以上，最深可达 4 ～ 5 米。厌氧塘水中溶解氧很少，基本上处于厌氧状态。

★ 曝气塘：塘深大于 2 米，采取人工曝气方式供氧，塘内全部处于好氧状态。曝气塘一般分为好氧曝气塘和兼性曝气塘 2 种。

②养殖池塘与生物塘的关系

总氮为指数，采取污染物排放与处理平衡的方法计算养殖池塘与生物塘的配置比例关系：$M=V\times \Delta n$；其中，M 为养殖污染排放的总氮总量；V 为养殖排放水量；Δn 为排放水中的总氮去除浓度（毫克 / 升）。

【种养小课堂】

沼液养鱼

1. 鱼塘洒施沼液沼液除部分直接作饲料外，主要是通过促进浮游生物的繁殖来饲养鱼类，这样做的效果要比投放猪粪好，还可以减少疾病的传染。取出的沼液要搁置 10 ～ 15 分钟后才能入池。

2. 施用量

一般鱼塘每亩每次沼液用量不超过 300 千克，沼渣不超过 150 千克，每周施用不超过 3 次。

3. 适用对象

沼液养鱼适用于以花白鲢为主要品种的养殖塘，其混养优质鱼（底层鱼）的比例不超过 40%。施用沼液的鱼塘采用混养的方法，即放养滤食性鲢鱼 30% 左右，杂食性鲤鱼、鲫鱼 40% ～ 50%，吃食性草鱼 20% ～ 30%。

4. 透明度调节

水体透明度大于 30 厘米时，说明水中浮游动物数量大，浮游植物数量少。施用沼液可迅速增加浮游植物的数量。鱼塘每亩每次施 100 ～ 150 千克，每两天施 1 次沼液，直到透明度回到 25 ～ 30 厘米后，转入正常投肥。

5. 注意事项

施用应在晴天进行，采用全池泼洒的方式。一般在 4–5 月、10–11 月，控制池水透明度不低于 25 厘米。若水的透明度低于上述标准，则不能施用沼渣、沼液。炎热的夏季，应谨慎施用，发现鱼浮头应停施；闷热天气及雷雨天气最好不施。施用沼液、沼渣，一次用量不能过多，应坚持少量多次的原则。如出现鱼浮头等缺氧现象，要及时采取增氧措施，或赶快加换新水；发现鱼病，要查找原因，对症下药。

（4）生物浮床

人工浮床（ecological floating bed），又称人工浮岛、生态浮床（生态浮岛）。近年来，人工浮床技术在我国快速发展，在污水处理、生态修复、河道治理、环境美化等方面有广泛的应用，发挥了一定的作用。人工浮床类型多种多样，按其功能主要分为消浪型、水质净化型和栖息地型 3 类，又分为干式浮床和湿式浮床。浮床的外观形状一般为正方形、三角形、长方形、圆形等。生物浮床一般由浮岛框架、植物浮床、水下固定装置以及水生植被组成。框架可采用自然材料如竹、木条等，浮体一般是由高分子轻质材料制成，植物一般选择适宜的水生植物或湿生植物。应用于池塘养殖的浮床主要有普通生物浮床、生物网箱、复合生物浮床等。

①普通生物浮床

一般采用直径 50 ～ 150 毫米的 UPVC 管和 1 厘米聚乙烯网片制作。为了维持浮床良好的结构和稳固性，一般采用较粗的 UPVC 管（＞ 100 毫米）作为框架的浮床其固定横断可以少一些，若采用较细的 UPVC 管（＜ 100 毫米）作为框架的需要较多的横断。横断的多少与 UPVC 管的材质和厚度有关。浮床覆网一般采用聚乙烯网片，根据拟种植水生植物的株径大小决定网目的大小，网目太大不利于植物固定，网目太小会增加浮床的重量。

②生物网箱浮床

生物网箱浮床为浮床和网箱的结合体，上部为 50 ～ 100 毫米的 UPVC 管和 1 厘米聚乙烯网片组成的浮床，下部为聚乙烯网片组成的网箱。浮床上部种植蕹菜、水芹、鸢尾等水生植物，下部网箱内养殖河蚌、螺蛳、杂食性鱼类等。网箱浮力主要由 UPVC 管负担，水生植物最大生物量 20 ～ 50 千克 / 平方米，网箱内鱼、贝类等的生物为 1 ～ 3 千克 / 立方米。

③复合生物浮床

复合生物浮床除具有普通生物浮床的功能外还有生物包和水循环功能。复合生物浮床一般由支架、提水装置和分水部件组成。支架由 L 形不锈钢拼接而成；提水装置采用漩涡气泵作为动力源，通过提水管将水提升；分水部件由 8 个分水管组成；将提升管提升的水体均匀分布到复合生物浮床的各个部分，其中分水管出水口采用堰形槽，有利于均匀分水。

复合生物浮床的生物填料有 3 层：上层为沉性填料层，中层为发泡颗粒层，下层为 PE 生物填料层。沉性填料层选用直径 10 ～ 20 毫米的填料，作为植物生长基料。发泡颗粒层选用直径 5 毫米的填料，为复合生物浮床提供浮力。下层采用直径 8 ～ 10 毫米的 PE 生物填料，为微生物提供生化反应的基质。

（5）生态沟渠

生态沟渠是利用池塘养殖排水沟渠构建的生态净化系统，由多种动植物组成，具有水体生态净化和美化环境等功能。目前生态沟的建设方法很多，概括起来主要有分段法、设施布置法、底型塑造法等。分段法是将生态沟渠隔离成数段，每段种植不同的水生植物或放置杂食性鱼类、贝类等；设施布置法主要是布置生物浮床、生化框架和湿地等；地形塑造法主要在面积较大的排水渠道中，通过塑造底型，以利于不同植物生长和水流等。生态沟渠可分成不同的功能区，如复合生态区、着生藻区和漂浮植物种植区等。

①复合生态区

主要是在沟渠两侧种植挺水性植物，为了给水生植物提供充足的光照环境，土坡沟渠要有一定的坡度，一般坡比不低于 1 ∶ 1.5，生态沟渠的水力停留时间一般为 2.0 ～ 3.0 个小时。

②着生藻区

有 2 种设计形式：着生丝状藻框架固着净化区，渠道深 1.5 米（自然深度），设置网状、桩式等丝状藻试验接种栽培着生基，通过着生藻类对水体进行处理；卵石着生藻固着试验区，设计深度为水面下 50 ～ 70 厘米。

③漂浮植物种植区

在水中放置生物网箱，网箱内放置贝类等滤食性动物，网箱顶部栽种多种浮水植物，从而对水体进行综合处理。

④生态渠道

生态渠道的主要植物有伊乐藻、黑藻、马来眼子菜、苦草、菹草、狐尾藻、萍蓬草、睡莲、芡实、水鳖、芦苇、慈姑、鸢尾、美人蕉、香蒲和香根草等。

（6）人工湿地

随着对湿地去污机理研究的深入及水体生态修复的发展，近年来，人工湿地在富营养化水体处理和水源保护上表现出巨大潜力，成为受损景观水体的重要生态修复方法。目前，按照水流形态，人工湿地分为表面流和潜流湿地 2 种，潜流湿地根据流向不同分为水平潜流湿地和垂直潜流湿地（上行流、下行流及复合垂直流）。总体来看，表面流湿地复氧能力强、床体不易堵塞，曾在湿地工艺发展早期被广泛使用，但污染物去除率较低、卫生条件差、易滋生蚊蝇等，限制其大规模推广应用。与表面流湿地相比，潜流湿地内部填料、污染物质和溶解氧直接接触，污染物去除效率较高且污水在

填料内部流动可避免蚊蝇滋生，卫生条件相对较好，因此，潜流湿地成为当今人工湿地工艺研究和应用的主流。人工湿地技术应用于池塘养殖水处理是近年来兴起的一项技术，具有生态化效果好、运行管理简单等特点。

①表面流湿地

表面流型人工湿地（free water surface con-structed wetlands），是一种污水在人工湿地介质层表面流动，依靠表层介质、植物根茎的拦截及其上的生物膜降解作用，使水净化的人工湿地。表面流湿地具有投资少、操作简单、运行费用低等优点，但也有占地面积大，水力负荷小，净化能力有限，且湿地中的氧气来源于水面扩散与植物根系传输，系统运行受气候影响大，夏季易滋生蚊子、苍蝇等缺点。

利用池塘改造而成，面积 2500 平方米（宽 40 米、长 62.5 米）。沿长度方向分别为 30 米的植物种植区和 22 米的深水区。植物种植区水深 0.5 米，种植茭白、莲藕等水生植物。深水区水深 2 米，放置生物网箱，网箱内放置滤食性鱼类和贝类等，生物塘水体内放养鲢鳙等滤食性鱼类和鲫鱼等杂食性鱼类，放养密度 0.05 千克 / 平方米生物塘四周为 3 米宽的挺水植物种植区，水深 0.5 米，种植水葱、菖蒲、芦苇。

②潜流湿地

用于水产养殖排放水处理的潜流湿地一般按照以下参数进行设计建设。

潜流湿地容积：$V=Q_{avt}/\varepsilon$；

式中，Q_{avt} 为平均流量（立方米 / 天）；V 为湿地容积（立方米）；ε 为湿地孔隙率。根据水产养殖排放水情况，一般 ε 为 0.50（平均直径 50 毫米砾石）。

潜流湿地基质一般厚度为 70 厘米，底部铺设 0.5 毫米的 HDPE 塑胶布做防渗处理。潜流湿地进、出水区为宽度 2.5 米的直径 50 ～ 80 毫米碎石过滤区，水处理区长 25 米，基质分为 3 层：底层为 30 厘米厚度的直径 50 ～ 80 毫米碎石层，中间为厚度 30 厘米的直径 20 ～ 50 毫米碎石层，上层为厚度 10 厘米的直径 10 ～ 20 毫米碎石。

湿地植物一般用美人蕉、鸢尾、菖蒲等根系发达、生物量大、多年生的水生植物。

【能量加油站】

推进生态水产养殖建设

水产品是人类最主要的蛋白质来源之一。

作为一个拥有13亿人口的大国，渔业对于保障中国的粮食安全和营养水平至关重要。据统计，中国水产品人均占有量49.91千克，占到动物性食物消费量的30%，其中约70%来自水产养殖。近40年来的水产养殖成功经验已对世界产生了重要影响，并被国际知名专家推介为未来面对食物短缺、保障食物安全最有效率的动物蛋白生产方式。

当前，我国正处于由传统水产养殖业向现代水产养殖业转变的重要发展机遇期，而且面临着诸多挑战，如资源短缺问题、环境与资源保护问题、病害与质量安全问题、科技支撑问题、生产方式问题等。因此，必须推进现代水产养殖业建设，坚持生态优先方针，以建设现代水产养殖业强国为目标，加快转变水产养殖发展方式。

2016年全国渔业渔政工作会议上指出，要紧紧抓住“转方式、调结构”主线，咬定“提质增效、减量增收、绿色发展、富裕渔民”总目标，坚持“稳中求进、进中求好”工作总基调，持续深化渔业供给侧结构性改革，着力培育新动能、打造新业态、扶持新主体、拓宽新渠道，加快推进渔业转型升级。

2018年，农业农村部渔业转型升级会强调，当前渔业发展的主要矛盾已经转化为人民对优质安全水产品、优美水域生态环境的需求，与水产品供给结构性矛盾突出、渔业资源环境过度利用之间的矛盾。

2019年，《关于加快推进水产养殖业绿色发展的若干意见》的出台也提出要转变养殖方式，大力发展生态健康养殖模式，改善养殖环境。

政策引领、市场推动和科技创新为水产养殖模式变革聚集了强

大的应变能力，新时代生态文明建设驱动了水产养殖模式变革，创新、协调、绿色、开放、共享的新发展理念同样融入渔业发展中。

生态环保养殖技术的应用和推广有助于解决水产养殖发展中存在的一系列不平衡、不协调、不可持续的问题。

第二节　工厂化循环水养殖

工厂化循环水养殖是采用类似工厂车间的生产方式，组织和安排水产品养殖生产的一种经营方式，反映了养殖生产方式向工厂化转变的过程。一般而言，工厂即是指在车间内养殖水产经济动物的一种集约化养殖方式。对养殖水环境的调控是工厂化养殖发展的核心内容，水循环利用是养殖过程实现全人工控制、高效生产的基本前提。该生产方式是在水体循环利用的基础上，循环水养殖系统高效利用厂房等基础设施，以及配套的设施、设备，为养殖对象创造合适的生长环境，为生产操作提供高效的装备和管理手段，综合运用工厂化生产方式进行科学管理和规模化生产，从而摆脱气候、水域、地域等自然资源条件的限制，实现高效率、高产值、高效益的工厂化生产。

一、发展现状

从室外移入室内，对水体进行简单调控的工厂化养殖是工厂化的初级模式。我国目前的海水鲆鲽类工厂化养殖、鳗工厂化养殖以及水产苗种工厂化繁育，基本上都是以“室内鱼池＋大量换水”为特点的工厂化初级模式，工厂化循环水设施系统并不是生产的主体。20世纪70年代，在我国水产养殖快速发展的前夕，国外循环水养殖的信息已经流入国内，北京水产研究所、上海水产研究所和渔业机械仪器研究所等科研单位先行开始跟踪研究。20世纪80年代，国外的循环水养殖设施和技术乘着改革开放的大潮开始进入中国。据统计，当时各地花巨资共引进西德和丹麦数十套循环水养殖设施，西德的设施比较适合于罗非鱼养殖，丹麦的设备比较适合于鳗鱼养殖。如当时北京小汤山就引入了德国的全套技术和装备，但由于高昂的投入和运行成本，上述设施很快便被束之高阁。1988年，渔业机械仪器研究所吸收西德技术，设计了国内第一个生产性循环水养殖车间——中原油田年产600吨养鱼车间，取得了一定的效果，该技术很快在国内相关区域推广应用。但之后几年，随着池塘养殖方式的迅速发展，北方地区冬季的吃鱼问题得到了很大的改善，而随着企业改革的深化，能源费用也逐步摊入成本，循环水养殖的经济效益受到了严重的挑战，加上技术的相对不成熟，循环水养殖的发展陷入了低谷。

从20世纪90年代起，随着国家经济的快速发展，全国各地兴建了很多现代农业示范区，同时也建立了一批淡水循环水养殖系统。由于淡水养殖高价值品种较少，循环水养殖的经济性难以体现，与池塘养殖相比，在节水、节地、减排等方面的优势难以体现价值优势，示范项目的建设并未迅速带动技术的全面应用。但在一些特定的领域，如水产苗种繁育、观赏水族饲养等，循环水养殖技术依然得到了显著的发展。在将循环水养殖技术应用于水产苗种繁育领域之后，实现了繁育过程的全人工调控，相关矛盾迎刃而解，设施系统在反季节生产、质量保障和成活率可控等方面的优势得到了充分的发挥，应用规模不断增大，技术水平也不断提高。同时以大菱鲆工厂化养殖为代表的海水工厂化养殖在北方地区也得到了大力推广，对名贵水产品的生产起到了很大的推动作用。海水工厂化养殖从“设施大棚十地下井水”起步，系统水平在逐步提高循环水的养殖系统开始探索性建立。发展至今，我国目前大多数的海水工厂化养鱼系统设施设备依然处于较低水平，除了一般的提水动力设备、充气泵、沉淀池、重力式无阀过滤池、调温池、养鱼车间和开放式流水管阀等，前无严密的水处理设施，后无水处理设备，养殖废水直接排放入海，是一种普通流水养鱼或温流水养鱼的过渡形式，属于工厂化养鱼的初级阶段。

近年来，随着民营经济的发展，投入到工厂化养殖中的人力、物力、资金、技术呈增长趋势，各地对工厂化养殖前景普遍看好，国家对发展工厂化养殖给予相关支持和一定的政策保障，发展力度总体趋强。随着渔业科技的发展和对国外优良养殖品种引进力度

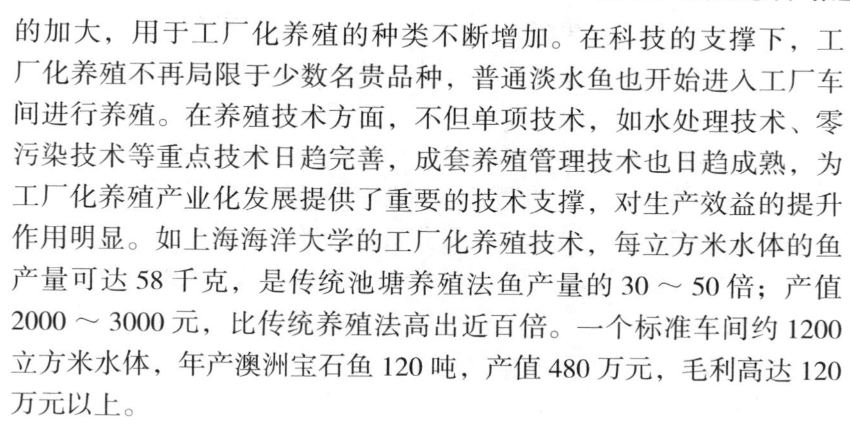

的加大，用于工厂化养殖的种类不断增加。在科技的支撑下，工厂化养殖不再局限于少数名贵品种，普通淡水鱼也开始进入工厂车间进行养殖。在养殖技术方面，不但单项技术，如水处理技术、零污染技术等重点技术日趋完善，成套养殖管理技术也日趋成熟，为工厂化养殖产业化发展提供了重要的技术支撑，对生产效益的提升作用明显。如上海海洋大学的工厂化养殖技术，每立方米水体的鱼产量可达 58 千克，是传统池塘养殖法鱼产量的 30 ～ 50 倍；产值 2000 ～ 3000 元，比传统养殖法高出近百倍。一个标准车间约 1200 立方米水体，年产澳洲宝石鱼 120 吨，产值 480 万元，毛利高达 120 万元以上。

为探索新的养殖模式以及水的重复利用和污染的零排放，国家通过不同的科技平台对工厂化养殖的关键技术进行科技攻关，如“海水封闭循环水养殖系统重要元素及能量收支的研究”“对虾高效健康养殖工程与关键技术研究”“淡水鱼工厂化养殖关键设备集成与高效养殖技术开发”等，近年来，渔业科技工作者针对海水工厂化养殖废水处理，对常规的物理、化学和生物处理技术分别进行了应用研究，取得了许多实用性成果。国家倡导的健康养殖、无公害工厂化水产养殖还带动了发达国家先进技术和设备进入中国，如臭氧杀菌消毒设备、砂滤器、蛋白质分离器、活性炭吸附器、增氧锥、生物滤器等先进设备，对工厂化循环用水养殖生产设备（设施）的更新和改造、养殖水循环使用率的提高和养殖经济效益的提高起到了重要作用。

二、技术特点

我国工厂化循环水养殖技术的应用，目前总体上还处于标志现代农业发展水平的示范阶段，在一些特殊的养殖领域如海洋馆、苗种繁育、水族观赏等，已具备一定的应用规模。与国际先进水平相比，我国在淡水工厂化循环水养殖设施技术领域已具有较好的应用水平，其中，在系统的循环水率、生物净化稳定性、系统辅助水体的比率等关键性能方面基本上达到了国际水平；而在海水循环水养殖设施技术领域，主要在生物净化系统的构建、净化效率和稳定性等方面还存在着较大差距。

我国工厂化养殖水体利用总体上仍以流水养殖、半封闭循环水养殖为主，全国范围循环水养殖发展力不足的特征仍较明显。工厂化循环水养殖的核心技术是通过水处理系统与循环系统来实现水体循环利用，并提高水中的溶氧量，进而提高鱼的活动力、摄食率和健康程度。其水处理技术对选择养殖方式极为重要。全封闭循环水养殖方式中，养殖用水经沉淀、过滤、去除水溶性有害物、消毒后，根据不同养殖对象不同生长阶段的生理要求，进行调温、增氧和补充适量的新鲜水，再重新输送到养殖池中，反复循环利用。据相关资料报道，我国工厂化养殖目前受水处理成本的压力，仍主要以流水养殖、半封闭循环水养殖为主，真正意义上的全工厂化循环水养殖工厂比例极少。我国工厂化循环水养殖的发展目标为：优化水净化工艺，提高设备的运行效率，构建工厂化循环水养殖系统。结合生态净化设施，构建生态复合型工厂化循环水养殖系统是工厂化养殖设施系统改造和提升的主要方向。通过工厂化设施系统的改造，可以使海水鲆鲽工厂化养殖、鳗工厂化养殖和苗种繁育工厂化养殖等实现养殖水质保障、养殖水体循环利用的健康养殖，养殖系统的集约化程度得以提高，污染物排放得以控制。图 6-2 为循环水系统水处理流程。

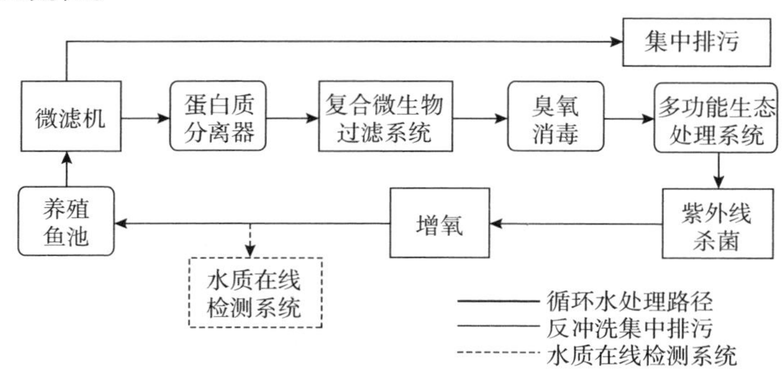

图 6-2　循环水系统水处理流程

三、案例介绍

技术名称：淡水工厂化循环水健康养殖技术（中华人民共和国农业农村部，2019）。

技术依托单位：中国水产科学研究院渔业机械仪器研究所，中国水产科学研究院黑龙江水产研究所。

1. 技术概述

淡水工厂化循环水养殖设施技术领域已具有一定的应用水平，在系统的循环水率、系统辅助水体的比率等关键性能方面基本接近国际水平，但是在生物净化系统的构建、净化效率和稳定性、系统集成度、系统稳定性等方面还存在着的差距。目前已经在广东、新疆、重庆、湖北、上海等地建立了多个工厂化循环水养殖示范基地，示范面积达到 6000 多平方米，并将研究得到的成果成功应用于循环水养殖系统的构建中，取得了良好的收益。

2. 增产增收情况

（1）经济效益

每套水处理系统服务 300 立方米养殖水体，年产达 100 千克 / 立方米以上，可年产 30 吨优质商品鱼，产值达 180 万元，毛利润达 40 万元，100 套系统则可年产商品鱼 3000 吨，年产值 18000 万元，年利润 4000 万元，经济效益十分可观。

（2）社会及生态效益

本技术可使产出 1 千克鱼的能耗降低 20% 以上，每千克鱼的耗电小于 2.5 度，大幅度降低循环水工厂化养殖系统的运行管理成本，可达到广泛推广的应用水平。同时，相同规模的工厂化循环水养殖设施系统与池塘养殖系统相比可减少 10% ～ 20% 的土地以及 8 ～ 10 倍的养殖用水，并不再对水域生态环境造成影响，可以实现较高的生态效益。

3. 技术要点

（1）转鼓式微滤机

传统的转鼓式微滤机存在筛网网目大小选择不合理的问题，颗粒物在接触细筛时，会长时间翻滚摩擦造成破碎，产生难以去除的微小颗粒。同时存在传动效率低，反冲洗效果欠佳等问题。研发人员根据养殖水的特点，在对循环水养殖水体中颗粒物粒径分布规律研究的基础上，对滤网网目与去除效率、反冲洗频率、耗水耗电等关系进行了试验研究。

研究表明，200目滤网处于目数与去除率、电耗关系曲线的拐点，是技术经济综合效果的最佳点。在结构优化方面，转鼓采用低阻力的中轴支撑结构，配置二级摆线针轮减速驱动。研究开发出能根据筛网阻塞程度智能判断的反冲去污装置。形成了WL型智能型转鼓式微滤机的系列产品。通过结构升级优化，显著提高了微滤机的节水性能，对60微米以上悬浮颗粒物的去除效率达80%以上，每处理100吨水耗电小于0.3千瓦时。设备不仅提高了水处理能力，而且降低了运行能耗，与现有设备相比，去除率提高20%，耗电节省45%以上。生产应用中，设备运行稳定、可靠。该设备已达国内先进技术水平，并实现了出口。

（2）生物净化设备

①导流式移动床生物滤器

移动床生物滤器是20世纪80年代后期，由挪威的卡尼兹（M.Kaldnes）和SINTEF研究机构合作开发的技术。该技术采用生物膜接触法，通过滤料表面附着生长的硝化细菌和亚硝化细菌群来降解水体中的氨氮、亚氮等有害有毒物质，净化水质。由于使用的浮性颗粒滤料，在剧烈鼓风曝气作用下，能够与水呈完全混合状态，微生物生长的环境为气、液、固三相。养殖回水与载体上的生物膜广泛而频繁地接触，在提高系统传质效率的同时，加快生物膜微生物的更新，保持和提高生物膜的活性。与活性污泥法和固定填料生物膜法相比，移动床生物过滤器既具有活性污泥法的高效性和运转灵活性，又具有传统生物膜法耐冲击负荷、泥龄长、剩余污泥少的特点。

根据移动床生物滤器结构及工作特点，并结合近年来的相关研究成果，对其进行结构优化和流态分析，使其充分满足循环水养殖的水处理使用要求。在结构优化方面，由于传统移动床生物滤器存在滤料运动不均匀、易出现较大运动死角等弊端，研发人员在其腔体内引入了导流板，将反应器分隔成2个区：提升区和回落区，在提升区底部安装有曝气装置，从而引导滤器中水体更好的循环流动，以提升过滤效率。该新型导流式移动床生物滤器的具体尺寸为：长度为1米，高度为1.4米，宽度为0.5米，有效水深为1.2米，升流

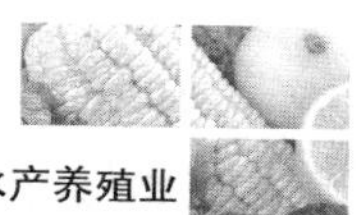

区与降流区面积比为 3 ： 4，导流板底隙高度为 0.25 米，导流板上方液面高度为 0.35 米，反应器四角倒成斜面以方便水体循环。

在结构确定以后，进一步对导流式移动床生物滤器的内部水流流态进行分析，采取的方式是利用计算流体力学软件 FLUENT 对其进行二维流态模拟，结合滤料挂膜最佳水流速度的相关知识，将模拟曝气速度优化为 0.6 米 / 秒，此时反应器中最高有效流速为 0.3 米 / 秒，最低有效流速为 0.06 米 / 秒，涡流区域的面积约占 10%，可最大化的保证反应器的生物处理效率。滤料选择带外脊的空心柱状 PE 材质生物滤料，比重为 0.95。结果显示：在填充率为 40%、进水氨氮浓度为 2 毫克 / 升、水力停留时间为 15 分钟、曝气速度为 0.6 米 / 秒的初始条件下，反应器运行 30 天后其滤料内表面的实际平均挂膜厚度为 80 微米，氨氮去除率达到了 25%，水质净化效果良好，完全达到推广使用要求。

②沸腾式移动床生物滤器

沸腾式移动床生物滤器根据移动床生物过滤技术基本原理设计研发的另一种新型生物滤器。区别于导流式移动床生物滤器，采用矩形反应器单侧曝气的结构形式，创新地采用了圆形反应器。

内部设计成为 2 个反应区，分别为沸腾区和降流区。沸腾区底部设置环形布气槽，在剧烈曝气条件下滤料上升移动，到达降流区后由于在水流的带动下逐步下沉到反应器底部，形成一种相对稳定的运动状态。此次选用的滤料为 PE 材质的空心柱状滤料，比重为 0.95，比表面积 500 平方米 / 立方米，滤料填充率 40% ～ 50%。研究结果表明，在气水比（气体流量和水流量的比值）1 ： 2 条件下，沸腾式移动床生物滤器的氨氮处理效率能够达到 30% 以上。

（3）低压溶氧量技术及其设备

低压纯氧混合装置主要是根据气液传质的双膜理论，通过连续、多次吸收来提高氧气的吸收效率。该装置的工作流程为：水流经过孔板布水并形成一定厚度的布水层，以滴流形式进入吸收腔。吸收腔被分割成了数个相互串联的小腔体，提供了用以进行气液混合的接触空间。整个装置半埋于水下，使吸收腔密闭，水流从各个吸收腔底部流出。气路方面，纯氧从侧面注入，并从最后一个吸收腔通过尾气管排出吸收腔。

在基于上述理论研究的基础上，进行设备试制及性能研究。试验用的低压纯氧混合装置使用了 7 个小腔体作为吸收腔，装置尺寸为 0.20 米 ×0.35 米 ×1.00 米，截面积 0.07 平方米，布水板开孔率 10%。试验采用单因子试验方法分别研究气液体积比、布水孔径、吸收腔高度等对溶解氧增量、氧吸收效率、装置动力效率的影响。结果显示，在水温 26 ～ 27℃、单位处理水流量 18 立方米 / 小时、吸收腔高度 38 厘米条件下，当气液体积比从 0.0067 ：1 上升到 0.0133 ：1 后，平均氧吸收率从 72.62% 下降到了 57.27%. 而平均出水溶解氧增量从 6.57 毫克 / 升上升到 10.37 毫克 / 升。低压纯氧混合装置的理想工作点在气液比 0.01 ：1.00。此时，出水溶解氧相对于源水增加 10 毫克 / 升左右，氧吸收效率大约为 70%，在吸收腔高度 40 厘米，出水溶解氧增量达到 10.9 毫克 / 升，低压纯氧混合装置的动力效率就能达到 6.63 千克 / 千瓦时。由此可见，该装置在节能效果上的表现是比较突出的，可以满足循环水繁育系统节能、节本和减低维护强度的要求。

（4）XW 系列漩涡分离器

XW 系列漩涡分离器是一种分离非均相液体混合物的设备，主要由六大部分组成，分别为筒体、溢流堰、进水管、出水管、排污管和支架等。该设备采用水力旋流分离技术，在离心力的作用下根据两相或多相之间的密度差来实现两相或多相分离的。

由于离心力场的强度较重力场大得多，因此漩涡分离器比重力分离设备（沉淀池）的分离效率要高得多。其工作原理为：养殖废水沿切向进入分离器时，在圆柱腔内产生高速旋转流场，混合物中密度大的组分（固体颗粒）在旋转流场的作用下沿轴向向下运动，形成外旋流流场，在到达锥体段后沿器壁向下运动，最终沉淀在锥体底部（定期排污），密度小的组分（水）沿中心轴向运动，并在轴线方向形成一向上运动的内旋流，越过溢流堰从出口流向下一水处理环节，从而实现固液分离集污排污的功能。在养殖过程中，一般多与鱼池双排水系统相结合配套使用，作为底部污水的初级过滤处理设备。具有以下工作特点：占地面积少、结构紧凑，处理能力强；

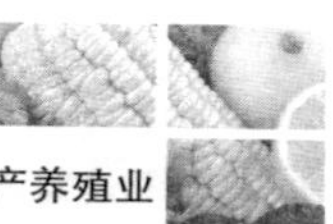

易安装、质量轻、操作管理方便；连续运行、不需动力，固体颗粒物去除率最高可达 50% 以上；效果好、投资少、不易堵塞等优点。

（5）CO_2 脱气塔

在高密度循环水养殖系统中，CO_2 浓度很高，需采用装置及时将其从系统中去除。CO_2 去除试验装置为一直立式圆筒，主要由简体、出水口、进气口、液体分布器、填料支撑板和填料等组成。液体分布器的开孔率为 15.6%，填料高度为 1 米，填料种类选择为直径 25 毫米鲍尔环，由聚丙烯塑料制成。内有填料乱堆或整砌在靠近塔底部的支撑板上，气体从塔底部被风机送入，液体在塔顶经过分布器被淋洒到填料层表面上，在填料表面分散成薄膜，经填料间的缝隙流下，亦可能成液滴落下，填料层的表面就成为气、液两相接触的传质面。$C0_2$ 在水中的溶解度符合亨利定律，即在一定的温度下，气体在水中的溶解度与液面上该气体的分压呈正比，因此，只要水面上气体中 $C0_2$ 的分压很小，水中的 CO_2 就会从水中逸出，这一过程称为解吸。空气中 CO_2 的含量很少，其分压约为大气压的 0.03%。常用空气作为 $C0_2$ 去除装置的介质，其经鼓风机被送入 $C0_2$ 去除装置的底部，在填料表面与水充分接触后，连同逸出的 CO_2 一起从塔顶排出，含有 CO_2 的水从塔体上部进入经液体分布器淋下，在填料表面与空气充分接触逸出 CO_2 后，从下部的出水口流出，从而实现 $C0_2$ 的去除。

根据气体交换原理，设计了养殖水体的 $C0_2$ 去除装置，采用试验设计（DOE）的方法，对 CO_2 去除效果进行研究。正交试验结果表明：G/L 对 $C0_2$ 去除率的影响最显著，水力负荷、进水 $C0_2$ 浓度及因子间的交互作用对 CO_2 去除率影响不显著。因此，在 $C0_2$ 去除装置的实际运行过程中，应通过调节 G/L 来提高 CO_2 去除率。G/L 变化对 $C0_2$ 去除率影响的试验结果表明：当 G/L=1 ～ 5 时，随着 G/L 的增加，CO_2 去除率增加较快；当 G/L ＞ 8 时，随着 G/L 的增加，去除率增加平缓。综合考虑系统节能和 OQ_2 的去除效果，本装置在 G/L=5 ～ 8 时运行最佳，去除率为 80% ～ 92%。

（6）多参数水质在线自动监控系统

水质自动监测系统通过相关模块的功能，实时将水质参数如氨

氮浓度、溶氧量、pH 等显示出来，便于工作人员及时了解水质情况，实现监测、调控一体化，提高设备的自动化程度，减轻工人劳动强度。

系统采用手动和自动两种控制方式进行调控，上位机采用 mcg-sTpc 嵌入式一体化触摸屏，作为本监控系统的人机交互界面，实现监控工程显示，通讯连接，参数设置，实时曲线显示和历史数据的保存、查询和导出、数据采集与处理等功能。下位机选用 PLC，用于控制 CO_2 去除装置和计量泵的启停，上位机与下位机采用 PLC（point to point）通信协议，CO_2 去除装置和计量泵的启停可通过在上位机监控工程窗口中触发。pH 传感器实时自动监测养殖水体中的 pH，因 pH 是模拟量，故采用 A/D 转换模块进行转换，然后通过 PPI 接口将数据送给上位机，并在上位机内显示、保存数据，由控制算法计算出控制结果，再通过 PPI 接口将数据送给 D/A 转换模块，驱动执行机构动作，自动加碱调节 pH，使其与期望值一致。pH 控制算法采用的是增量式 PID 控制算法，通过在上位机中编写脚本程序实现，执行机构采用能够无极调节流量的计量泵。

本监摔系统还具有 pH 上下限报警功能，由于设备具有长期连续运行的特殊性，在无人值班看管设备期间，若设备发生故障，可以第一时间内通过短信报警方式通知相关的责任人，从而避免不必要的损失。在上位机监控工程窗口内，可以自由设定 pH 上下限报警值，报警手机号码以及超时时间。

在农业农村部渔业装备与工程重点开放实验室淡水高密度循环水养殖系统对循环水养殖水体 pH 实时监控系统进行现场调试和试运行。调试结果表明：CO_2 去除装置的应用能够有效去除养殖水体中的 CO_2 气体积累，使养殖池的 CO_2 保持在较低水平，此时的 CO_2 浓度对 pH 的影响极小，可忽略不计。试运行结果表明，该监控系统运行稳定可靠，控制效果显著，人机界面良好，操作简单灵活，实用性强，有效实现了 pH 的恒定控制，满足了循环水养殖对 pH 的要求，具有较高的推广价值和实用价值。

通过物理、生物等手段和设备把养殖水体中的有害固体物、悬浮物、可溶性物质和气体从水体中排出或转化为无害物质，并补充

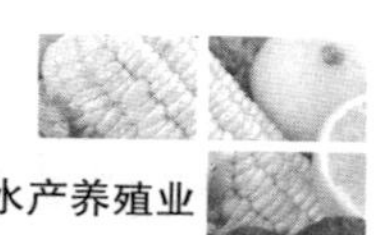

溶氧，使水质满足鱼类正常生长需要，并实现高密度养殖条件下水体的循环利用的一个适用性强、通用性好、节能高效的高密度工厂化循环水养殖系统。

4. 适宜区域

工厂化循环水养殖是一种现代工业化生产方式，基本上不受自然条件的限制，可以根据需要在任何地点建立海水或淡水的养殖生产系统，达到生产过程程序化、机械化的要求。一般来说，此技术更适宜在水资源匮乏，气候条件恶劣的情况进行推广，因为该条件下传统养殖模式无法进行正常运转，构建循环水养殖系统进行生产必将带来巨大的经济效益，体现了该技术的优越性。

5. 注意事项

该技术汇集了水产养殖学、微生物学、环境科学、信息与计算机学等学科知识于一体，科技含量较高，企业需配备掌握该技术的养殖人员，以便能科学、高效地管理循环水养殖系统。需注意以下几点。

（1）确保电力充足

一旦突然停电，需进行及时处理。

（2）定期查看设备运行情况

如水泵是否正常运转，管路是有漏水地方，发现问题及时处理。

（3）确保 pH 稳定

生物滤器硝化反应及鱼类的呼吸作用会导致养殖水体中的 pH 持续下降，从而影响生物滤器的性能及鱼类的生长，因此，需确保 pH 的稳定。

（4）定期检测水质

养殖水质的好坏直接影响鱼类的生长，需定期检测养殖水体的水质，发现问题及时调整。

（5）定期排污

在高密度封闭养殖过程中，投饲量较大，养殖对象排泄物较多，需及时排出系统。

第三节　多营养层次综合养殖

综合水产养殖在中国有悠久的历史，明末清初兴起的“桑基鱼塘”是一种早期有效的综合养殖方式。现代中国水产养殖业的发展极大地推动了综合养殖方式的新探索，特别是始于20世纪90年代中期海水养殖系统的养殖容量的研究，使多种形式的多元养殖普遍应用于生产实践。不同养殖种类及方式的养殖容量研究表明，若要实现海水养殖可持续发展的目标，获得“高效、优质、安全”的食物产出，需要在养殖容量允许的前提下从养殖密度、海流、附着生物、养殖品种结构、养殖布局规划及最佳养殖水平等多个方面优化养殖模式（唐启升，2017）。

多营养层次综合养殖（integrated multi-tropic aquaculture，IMTA）的理论基础在于：由不同营养级生物组成的综合养殖系统中，投饵性养殖单元（如鱼、虾类）产生的残饵、粪便、营养盐等有机或无机物质成为其他类型养殖单元（如滤食性贝类、大型藻类、腐食性生物）的食物或营养物质来源，将系统内多余的物质转化到养殖生物体内，达到系统内物质的有效循环利用，在减轻养殖对环境的压力的同时，提高养殖品种的多样性和经济效益，促进养殖产业的可持续发展。作为一种健康可持续发展的海水养殖理念，多营养层次综合养殖模式的研究目前已经在世界多个国家（中国、加拿大、智利、南非、挪威、美国、新西兰等）广泛开展。

一、桑沟湾典型多营养层次综合养殖模式

桑沟湾位于山东半岛东部沿海（37°　01′～37°　09N，122°　24～122°　35E），为半封闭海湾，北、西、南三面为陆地环抱，湾口朝东，口门北起青鱼嘴，南至楮岛，口门宽1.5千米，呈C状。海湾面积144平方千米，海岸线长90千米，湾内平均水深7～8米，最大水深15米，滩涂面积约20平方千米（国家海洋局第一海洋研究所，1988）。

桑沟湾湾内水域广阔，水流畅通，水质肥沃，自然资源丰富，是荣成市最大的海水增养殖区。该湾水域面积已被全部开发利用，并将养殖水域延伸到湾口以外，形成了筏式养殖、网箱养殖、底播增殖、区域放流、潮间带围海建塘养殖、滩涂养殖等多种养殖模式并举的新格局，增养殖品种有海带、裙带菜、羊栖菜、魁蚶、虾夷扇贝、栉孔扇贝、海湾扇贝、贻贝、牡蛎、毛蚶、泥蚶、杂色蛤、对虾、梭子蟹、刺参、牙鲆、石鲽、星鲽、大菱鲆、鲈、黑鲷、真鲷、鲐、六线鱼、美国红鱼等30多种，2007年荣成市海水养殖产量58万吨，产值72.8亿元，其中桑沟湾养殖产量24万吨，产值36亿元，分别占荣成市养殖总面积、总产量和总产值的30.7%、41.2%和56.3%。

近年来，为了加强对桑沟湾的保护和合理利用，基于高校、科研机构的研究成果，山东省荣成市委市政府实施了“721”湾内养殖结构调整工程，即总养殖面积中藻类种类占70%，滤食性贝类种类占20%，投饵性种类占10%；通过调整养殖结构，传统养殖的比例不断下降，名特优养殖增势迅猛，以刺参、鲍、海胆为代表的海珍品养殖及多营养层次的综合养殖成为养殖业增长的主要因素；利用养殖品种间的互补优势实现生态养殖，从而降低了养殖自身污染，加快了海水交换量，提高了海水自净能力，现在近海海水质量均达到国家一类水质标准，取得了显著的经济效益和生态效益。随着桑沟湾养殖品种的多样化，养殖模式也由海带、扇贝等品种的单养模式逐步发展成混养、多元养殖模式，并在近些年发展成为规模化的多营养层次综合养殖。

1. 贝－藻综合养殖

根据养殖容量评估及贝藻生态互补性研究，在桑沟湾构建并实施了扇贝与海带、牡蛎与海带、鲍与海带的套养、间养等生态优化养殖模式。同时，根据大型藻类的生物学特性，实施了“11月至翌年5～6月养殖低温种类——海带，7～10月养殖高温种类——龙须菜”的全季节规模化轮养策略，充分利用养殖水域和养殖设施的同时，又产生了显著的经济和生态效益。在贝－藻综合养殖生态系统中，滤食性贝类等养殖动物通过摄食过滤掉水体中的颗粒物质，

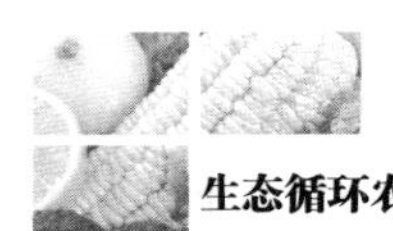

有利于藻类进行光合作用；而大型藻类则利用贝类呼吸、代谢过程中产生的 CO_2 和氨氮作为原料，通过光合作用产生氧气反馈给贝类等动物，既可以达到维持生态系统中 O_2 和 CO_2 水平的平衡和稳定作用又可以维持生态系统中氨氮水平的平衡稳定和促进氮循环，在减轻了养殖对水域环境造成的压力的同时，合理利用了资源，提高了水环境的生态修复能力。研究结果表明，示范区的平均经济效益可以提高 20% 以上。

2. 鲍 – 参 – 藻综合养殖

鲍和大型藻类是我国浅海筏式养殖的重要种类，鲍的生物沉积及藻类碎屑沉积到海底，是养殖海区自身污染的主要来源之一。刺参是我国海产经济动物中的珍贵种类之一，属腐食食性，将刺参与鲍藻类综合养殖，根据鲍、参、藻三者之间的食物关系，利用海带等养殖大型经济藻类作为鲍的优质饵料，鲍养殖过程中产生的残饵、粪便等颗粒态有机物质沉降到底部作为海参的食物来源，鲍、参呼吸、排泄产生的无机氮、磷营养盐及 CO_2 可以提供给大型藻类进行光合作用。

刺参与鲍混养时，鲍养殖笼每层可放养刺参 2 ～ 3 头，每笼 3 层，放养规格 60 ～ 80 克 / 头，悬挂水深 5 米。放养时间 9 月至翌年 5 月，刺参平均体重可达 150 ～ 200 克 / 头。按笼养鲜刺参每千克 140 元计算，刺参与鲍混养后，每笼平均经济效益可增加 210 元。每条浮绠挂 20 笼，混养后每条浮绠可增加产值 4200 元，每亩（4 条浮绠）皱纹盘鲍与刺参混养后可增加产值 16800 元。扣除刺参苗种费用（每头按 5 元计算），每笼可增加毛利 180 元，每条浮绠可增加毛利 3600 元。

3. 鱼 – 贝 – 藻综合养殖

在该系统中，藻类可以吸收和转化鱼和贝类排泄的无机营养盐，并为鱼、贝提供溶氧。双壳贝类滤食鱼类粪便、残饵及浮游植物形成的悬浮颗粒有机物。利用海带和龙须菜作为 11 月至翌年 5 ～ 6 月（冬季和春季）和 7 ～ 10 月（夏季和秋季）的生物修复种类。这 2 种生物的干湿重转化系数为 1 ∶ 10。海带和龙须菜的干组织氮含量

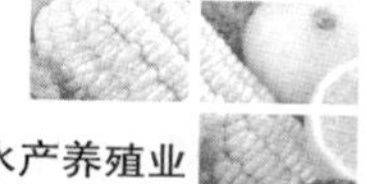

分别为2.79%和3.42%，海带和龙须菜的产量分别为56千克/平方米（湿重）和3千克/平方米（湿重）。冬季和春季网箱鱼类和海带的最适混养比例为1千克（湿重）：0.94千克（干重），而在夏季和秋季为1千克（湿重）：1.53千克（干重）。

在该IMTA系统内，对能够摄食颗粒有机物的贝类及其他滤食性生物来说，颗粒大小起到重要的决定作用。长牡蛎能够摄食直径小于541微米的颗粒。在近期的试验中，通过对网箱区与非网箱区的试验比较，证明了鱼类残饵及粪便对牡蛎食物贡献。牡蛎通过摄食活动所摄取的鱼类养殖产生的有机碎屑的转化效率约为54.44%（其中10.33%为残饵、44.11%为粪便）。从鱼类养殖网箱逃逸出来的颗粒营养物质中适宜的大小范围占41.6%，牡蛎能够同化利用22.65%的颗粒有机物。双壳类在该系统中起到循环促进者的作用，不仅能够减少养殖污染，还能够为鱼类养殖创造额外的收入。但为了能够达到最大程度清洁效果，在该系统中搭配沉积食性种类（如沙蚕、海胆等）是十分必要的（图6-3）。

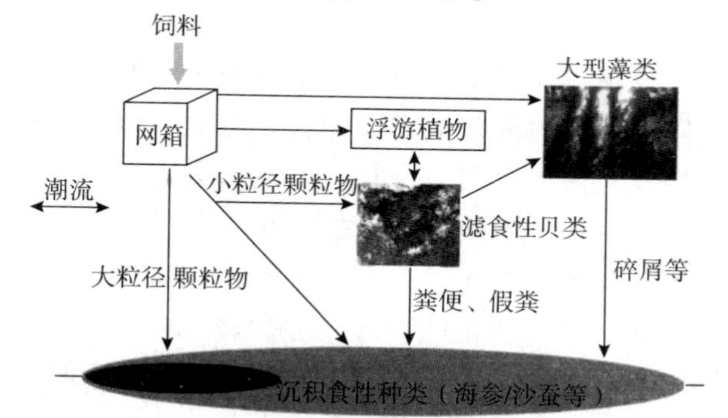

图6-3 鱼－贝－藻－海参综合养殖系统不同生物功能群互利作用

4. 大叶藻海区底播综合养殖模式

在该系统内，大叶藻及菲律宾蛤仔来自自然环境，大叶藻可以为海胆和鲍提供食物，同时为其他的底栖生物或者浮游生物提供隐蔽场所。海参可以摄食鲍及菲律宾蛤仔的粪便，同时也摄食自然产生的沉积有机物，所有这些动物所产生的氨氮能够被大叶藻及浮游植物所吸收利用，浮游植物可为菲律宾蛤仔提供食物，很重要的一点是，大叶藻及浮游植物可以为该系统提供溶解氧。

该 IMTA 系统位于桑沟湾南部湾口的楮岛海域，总面积为 665 公顷。20 世纪 80 年代初进行的海岸带调查显示，楮岛海域的大叶藻床面积约 67 公顷，近年来，通过实施大叶藻种苗的移植、大叶藻种子萌发、综合养殖模式的构建等大叶藻资源保护与开发策略，有效地养护和修复了近海生态环境。自 2006 年开始，楮岛海域的大叶藻面积开始扩增，为海洋生物提供了优良的栖息环境，目前，大叶藻床面积已达到 167 公顷左右。底播养殖主要的物种为海参、鲍、海胆、紫石房蛤及菲律宾蛤，分布在水下 5 ～ 15 米处。同时在该海区，有大量自然分布的大叶藻及其他藻类。每年春季，近 30 万粒海胆和 15 万粒鲍幼苗放至该区，其他种类为自然资源。2009 年，该示范海区共产出 1.5 吨的鲍、20 吨的海参、180 吨的蛤仔、80 吨的紫石房蛤和 2.5 吨的海胆。

海草床底播综合养殖生态系统在提供食物产出的同时，还承载着碳汇功能。海草床生态系统的碳汇功能主要通过浮游植物、附着藻类、底栖藻类、沉积物、增殖生物等碳汇要素来实现，在不考虑时间尺度上碳的去向时，海草床碳汇能力等于海草初级生产力部分固碳 + 海草附着藻类初级生产力固碳 + 草床底栖藻类 + 草床捕获沉积外来有机质 + 草床内增殖贝类贝壳碳。对桑沟湾主要海草分布区的大叶藻生物量、初级生产力及其组织碳含量进行了测定。桑沟湾大叶藻床全年平均生物量为 304.5 克干重 / 平方米，初级生产力为 1075.0 克干重 /（平方米 · 年）。按地下部分生产力约为地上部分的 35% 进行修正，年初级生产力约为 1451.3 克干重 / 年。大叶藻全组织含碳量 33.8%，若暂时不考虑时间尺度上碳的去向，初级生产力的固碳贡献为 490 克碳 /（平方米 · 年）。桑沟湾附着藻密度在春季最大，70 克鲜重 / 平方米，全年初级生产的碳贡献平均约为 6 克碳 /（平方米 · 年）。

二、桑沟湾养殖生态系统服务功能

随着海水养殖产业的飞速发展，人类对海洋的利用方式和养殖模式逐渐多元化，但人类不同的利用方式直接影响着系统的结构、功能和价值，对不同利用方式下养殖系统所具有的核心服务及价值

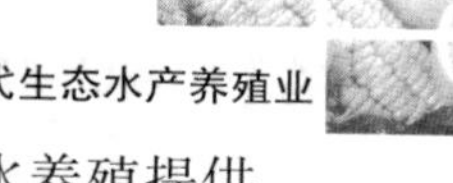

的大小进行识别和定量，不仅为基于生态系统管理的海水养殖提供可比较的科学依据和经济依据，还可在货币化定量评估的基础上筛选优化养殖模式，为研究健康养殖模式提出新的思路。

1. 食物供给功能

桑沟湾养殖生态系统的食物供给功能是指桑沟湾养殖生态系统为人类提供的产品或服务的价值，包括食品供给、原材料供给与基因资源 3 种服务。通过调查和采访，采用市场价值法（即对有市场价格的生态系统产品和功能进行估价），对养殖生态系统物质产品进行评估。这里的生态系统功能只考虑第 1 次交易获得的效益，而不考虑再次获益或第 2 次交易的增加值；价格也只考虑第 1 次交易时的价格，流通领域内产生的增加价值不计入本价值之内；成本只考虑生产成本，而不考虑销售成本和流通成本。物质主要是养殖海区的海产品，根据各养殖品种的售价和生产成本，采用市场价值法可估算桑沟湾不同养殖模式下系统的食物供给价值（表 6–1）。

表 6–1　桑沟湾不同养殖模式下系统的食物供给价值

养殖模式	养殖种类	单位面积产量 [千克 /(公顷 · 年)]	价格（元/千克）	收入 [元 /（公顷 · 年）]	成本 [元 /（公顷 · 年）]	服务价值 [元 /（公顷 · 年）]
海带 – 扇贝 综合养殖 小计	海带 扇贝	11719 5625	6 4.6	70313 25875 96188	31641 5273 36914	38672 20602 59274
海带 – 牡蛎 综合养殖 小计	海带 牡蛎	11719 35156	6 0.7	70313 24609 94922	31641 10547 42188	38672 14063 52735
海带 – 鲍综合 养殖 小计	海带鲍	15625 9015	6 200	0 901442 901442	37969 537921 575889	0 363522 363522
海带 – 鲍 – 刺 参综合养殖 小计	海带 鲍刺参	15625 8654 1875	6 2w	0 865384 112500 977884	4 482716 11250 493966	0 382668 106250 483918

2. 生态服务功能

桑沟湾养殖生态系统不仅具有向人类提供海产品的能力，同时还具有支持和保护自然生态系统与生态过程的能力，特别是在营养

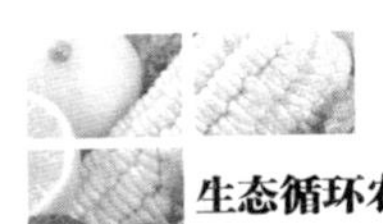

物质循环、固定 CO_2 和释放 O_2 方面的生态功能。桑沟湾养殖生态系统的营养物质循环主要是在养殖生物与养殖环境之间进行，养殖生物对进人生态系统的各种营养物质进行分解还原、转化转移及吸收降解等，从而起到维持营养物质循环、处理废弃物与净化水质的作用。这部分价值可采用影子价格法，根据污水处理厂合流污水的处理成本计算。桑沟湾养殖生物通过光合作用和呼吸作用完成与养殖环境之间 CO_2 和 O_2 的交换，如养殖生物通过滤食活动（如贝类等）对 CO_2 的固定与沉降，或通过光合作用（如海带等）释放 O_2，这对维持地球大气中的 CO_2 和 O_2 的动态平衡、减缓温室效应有着巨大的不可替代的作用。以浮游植物和大型藻的初级生产力测定数据为基础，根据光合反应方程计算，固定 CO_2 的价值用碳税法进行估算，O_2 的价值采用工业制氧的价格估算（表 6–2、表 6–3）。

表 6–2　桑沟湾不同养殖模式下营养物质循环价值

养殖模式	移除的总氮量[千克/(公顷·年)]	释放的总氮量[千克/(公顷·年)]	移除的总磷量[千克/(公顷·年)]	释放的总磷量[千克/(公顷·年)]	服务价值[元/(公顷·年)]
海带–扇贝综合养殖	533.80	313.66	44.41	0.97	400.99
海带–牡蛎综合养殖	261.01	228.10	44.41	0.11	120.08
海带–鲍综合养殖	1457.52	0.99	59.22	–	2274.58
海带–鲍–刺参综合养殖	1457.14	0.97	61.85	0.0002	2293.75

表 6–3　桑沟湾不同养殖模式下固定 CO2 和释放 O2 价值

养殖模式	固定和移除的碳量[千克/(公顷·年)]	消耗的 O_2 量[千克/(公顷·年)]	服务价值[元/(公顷·年)]
海带–扇贝综合养殖	4200. 37	17. 03	4633. 40
海带–牡蛎综合养殖	6416. 86	14. 93	7090. 55
海带–鲍综合养殖	12311. 90	40. 69	13591. 28
海带–鲍–刺参综合养殖	12528. 52	39. 40	13832. 61

在人们的传统观念中，往往认为养殖生态系统的价值就是生产能力，并没有认识到生态系统提供的各种功能性服务价值。研究结果表明，桑沟湾不同养殖模式下物质生产价值占总价值的 80% ～ 90%，系统过程价值占 10% ～ 20%，表明虽然桑沟湾养殖活动是以经济效益为主的生产活动，但其对环境的调节作用不可忽视。

在进行桑沟湾养殖系统的利用和发展规划时，如果只重视物质生产功能价值，必然会造成生态系统功能价值的损失，使生态系统遭到破坏，产生一系列不良后果。因此，决策者在选择养殖规划方案时，必须要均衡考虑系统内各项生态系统服务，这样才能更加合理有效地在发展经济的同时，保护生态环境，实现生态系统的可持续发展。

第四节　稻渔综合种养

稻渔综合种养（integrated rice fields aquaculture，IRFA），实质上是传统的稻田养鱼的一种演变和发展，农业部门又称之为“稻田综合种养”。稻渔综合种养是指在水稻种植的同时或休耕期，通过田间工程技术的应用，在稻田里养殖鱼类和其他水产动物，将水稻种植与水产养殖耦合起来，基于生态系统内营养物质及补充投喂的肥料和饲料生产稻谷和水产品的一种生态农业方式。这种生产方式能使稻田生态系统的物质和能量尽可能流向稻谷和水产品，实现系统可持续发展和经济效益最大化的目标。

著名生物专家倪达书先生曾指出：农田养鱼既可以在省工、省力、省饵的条件下收获相当数量的水产品，又可以在不增加投入的情况下使稻谷增收 10% 以上。稻田养鱼鱼养稻、稻鱼双丰收。农田生态种养已从传统意义上的种稻养鱼发展到田种植莲藕、茭白、慈姑、水芹、油菜、豆类等经济植物，养殖蟹、虾、鳅、鳝、鳖、鲟、蛙、鸭、鸡、鹅等水生动物和禽类。

稻渔综合种养系统具有多方面的重要功能，包括食物生产、生态保护、景观保留、生计维持和食物安全等，使种植业与水产养殖业的生态环境服务功能表现得更加明显，是实现“高效、优质、生态、健康、安全”环境友好型水产养殖发展的有效途径。

一、稻渔综合种养的理论基础

稻渔综合种养系统是由无机环境与生物群落共同构成的统一体。非生物因子包括光、水、温度、pH、CO_2、O_2 和一些无机物质等。生物因子包括生产者、消费者和分解者。生产者主要有水稻、杂草

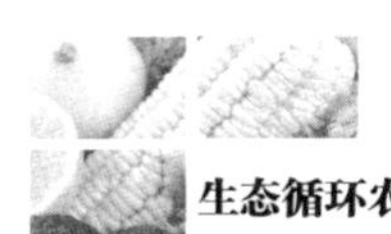

和藻类。它们都是通过光合作用和呼吸作用参与碳素循环，并向消费者和分解者提供有机物质。消费者主要有浮游动物（原生动物、轮虫、枝角类和桡足类）、底栖动物和人工放养的水产种类（鱼、虾、蟹、鳖等），还有蚊子幼虫（孑孓）、水稻害虫、水稻害虫的天敌（青蛙、蜘蛛、寄生蜂）、水鸟等。如图 6–4 所示，稻渔综合种养系统养分的利用和循环不同于自然生态系统，它是一个养分大量输入、大量输出的系统。养分的输入主要来源于施肥、补充投喂的饲料，养分输出主要包括稻谷、稻秆和水产品。

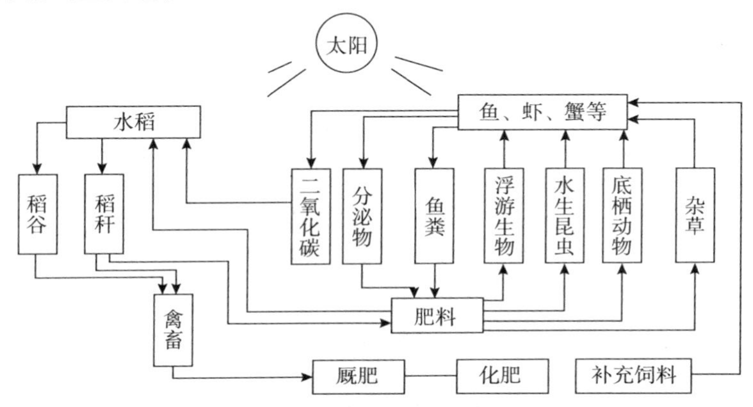

图 6–4　稻渔综合种养系统的物质转化和能量流动

稻渔综合种养的理论基础是倪达书提出的稻鱼互利共生理论。该理论核心是利用水稻和水产动物的互利共生关系，人为地将水稻与水生动物置于同一个生态系统中，充分发挥水生动物在系统中的积极作用，清除杂草，减少病虫害，增肥保肥，促进营养物质多级循环利用，使更多的能量流向水稻和渔产品。由于水产养殖动物的引入，稻田生态系统中的生物群落、群落结构及相互关系将发生大的变化。一方面，养殖动物能直接或间接利用稻田中杂草、底栖动物、浮游生物和有机碎屑，减少了杂草与水稻对肥料的争夺，利用水稻不能利用的物质和能量。另一方面，养殖动物的排泄物又为水稻和水体浮游生物的生长提供丰富的营养源，产生的 CO_2 可被水稻、杂草及藻类利用。此外，养殖动物活动可松动表层土壤，在一定程度上改善土壤氧化还原状况，促进有机质矿化和营养盐释放。图 6–5

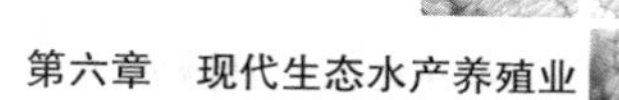

稻渔综合种养系统中稻－渔的互利关系。

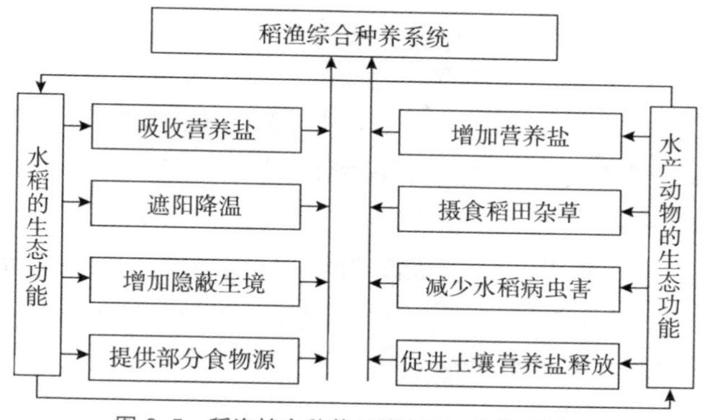

图 6-5　稻渔综合种养系统中稻－渔互利关系

二、稻渔综合种养的必要条件

稻渔综合种养区周边应无污染源，选择的田块应水源充足，注排水方便，保水性能好，雨季不淹，旱季不干。水源水质符合《无公害食品淡水养殖用水水质》（NY/T5051-2001）。

水稻和水产养殖种类对水深、温度、pH、溶氧、氨氮、透明度等环境因子的需求是不同的。两者之间最大的矛盾在于对水深的需求，水稻在不同生育期需要水浅，理想的水深变化于 3 ～ 15 厘米，在收割前 1 ～ 2 周需要排干，而水产养殖种类需要较大的水深，一般不低于 50 厘米。为了解决这个矛盾，必须对稻田进行改造，在稻田中开挖渔沟，筑高田埂，安装防逃设施，铺设进排水管道。只有这样，才能将水稻种植和水产养殖结合起来，开展稻渔综合种养。渔沟的形式主要有 4 种："口"字形、"十"字形、"日"字形、"目"字形。除了稻－蟹种养模式的稻田改造比较特殊外，其他种养模式的稻田改造的基本要求如下。

1．开挖渔沟

一般是沿田埂四周内缘开挖环沟，沟宽 1.5 ～ 4.0 米，沟深 1.0 ～ 1.5 米。大的田块还要在田中间开挖"十"字形的田间沟，沟宽 1 ～ 2 米，沟深 0.8 米。渔沟面积一般占稻田面积的 8% ～ 10%。

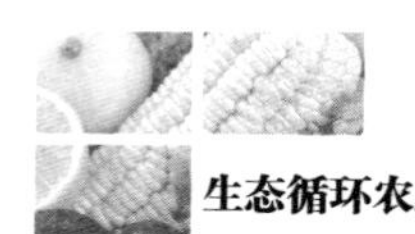

2. 筑高田埂

利用开挖环形沟挖出的泥土加固、加高、加宽田埂。田埂应高于田面 0.8 ～ 1.0 米，顶部宽 2 ～ 3 米。为了减少机械耕田泥浆对养殖种类的影响，在靠近环形沟的稻田台面外缘周边围筑宽 30 厘米、高 20 厘米的低围埂，将环沟和田台面分隔开。

3. 安装防逃设施

稻田排水口和田埂上应设防逃网。排水口的防逃网应为 20 目的网片，田埂上的防逃墙应用 20 目的网片、厚质塑料薄膜或石棉瓦作材料，防逃墙高 40 ～ 50 厘米。

4. 铺设进排水管道

进水、排水口分别位于稻田两端，进水渠道建在稻田一端的田埂上。排水口建在稻田另一端环形沟的低处。按照高灌低排的格局，保证水灌得进、排得出。

三、稻渔综合种养的发展现状

1. 面积与产量

2018 年，全国稻渔综合种养面积达到了 202.8 万公顷，约占全国水稻总面积的 6.7%，占淡水养殖面积的 39.4%（农业农村部渔业渔政局，2017）。从养殖面积看，稻渔综合种养的主要大省依次是湖北（39.32 万公顷）、四川（31.22 万公顷）、湖南（30.01 万公顷）、江苏（24.11 万公顷）、安徽（15.06 万公顷）、贵州（11.96 万公顷）、云南（11.19 万公顷）、江西（6.70 万公顷）、辽宁（5.15 万公顷）、黑龙江（4.70 万公顷）。2018 年，全国稻田水产养殖产量达到了 233.3 万吨，占淡水养殖产量的 7.9%，接近内陆水库增养殖产量（294.9 万吨）。

2. 主要特点

当前，稻渔综合种养呈现出以下主要特征。

（1）生产区域迅速扩大

稻渔综合种养过去只局限在气温高、降水量大、水资源丰富的西南、华南、华中、华东地区；20 世纪 90 年代后，养殖区域由长江

以南向“三北”地区推进。现在辽宁、吉林、黑龙江、宁夏等省份都不同程度地发展了稻渔综合种养产业，主要以稻－蟹种养模式为主。

（2）养殖模式和养殖品种趋于多样化

稻渔综合种养由过去单一的稻－鱼种养模式向稻－虾、稻－蟹、稻－鳖等多种模式发展，由过去的稻－鱼双元复合模式向稻－鱼－鸭、稻－鱼－虾（蟹）、稻－鳖－鸭等多元复合模式发展，因地制宜发挥水田的光、水、气资源和时间、空间的潜力。过去稻田只是养鲤、鲫、草鱼、罗非鱼等少数品种，现在已发展到养殖泥鳅、黄鳝及克氏原螯虾、河蟹、日本沼虾、中华鳖等名特优品种。

（3）养殖技术水平和经济效益不断提高

现在稻渔综合种养不再完全依赖天然的饵料生物，还需人工补充投喂。经营方式实现了由过去的粗放式养殖向半集约化养殖转变，单位面积产量和经济效益有了大幅度提高。

（4）由自然经济向商品经济方向发展

过去传统的稻田养鱼是一家一户进行的，既分散、又量小，鱼产品主要是为了解决一些地区的吃鱼难问题，农民自给自足。现在稻渔综合种养的发展目标是逐步向集中连片的规模化经营方式转变，最大限度提高经济效益，减少农药和化肥的使用量，促进农业增效和农民增收。

3. 养殖种类

适合稻田养殖的水产种类应具有 4 个特征：

①能适应在浅水中生活。

②能忍受夏季高温和低溶氧状况。

③在 2 ～ 5 个月的生长期能达到食用鱼规格。

④能忍受较高的水体浊度。

目前，我国稻田养殖的水产品种有鲤、鲫、草鱼、团头鲂、鲢、鳙、泥鳅、黄鳝、罗非鱼、黄颡鱼、乌鳢、克氏原螯虾（以下称“小龙虾”）、日本沼虾（以下称青虾）、中华绒螯蟹（以下称河蟹）、中华鳖；另外还有人工培育的品种，如福瑞鲤、湘云鲫、高背鲫、异育银鲫“中科 3 号”。从养殖规模看，主要养殖对象是小龙虾、河蟹、中华鳖、泥鳅、鲤、鲫；除鲤、鲫外，这些主养对象均是肉质鲜美、市场价

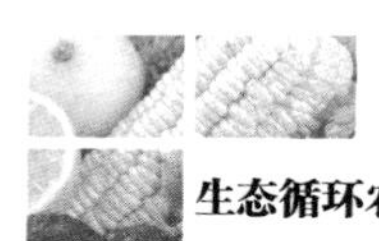

格高的水产品，能较好适应稻田环境。其他种类大都根据需要作为稻田混养或套养的对象，或作为杂草和水稻病虫害的生物控制者。

4. 主要模式

按照耕作方式，稻渔综合种养分为稻－渔轮作和稻－渔共作两种方式。目前，按主养对象可分为：稻－虾、稻－蟹、稻－鳖、稻－鱼 4 类种养模式。

（1）稻－虾种养模式

稻－虾综合种养模式包括稻田养殖小龙虾、日本沼虾或罗氏沼虾。目前，稻－小龙虾种养模式最流行，主要集中在长江中下游地区，其中典型养殖地区是湖北省潜江市。2007 年以前，普遍采用的是稻－小龙虾轮作模式，即每年的 8 ～ 9 月中稻收割前投放亲虾，或 9 ～ 10 月中稻收割后投放幼虾，第二年的 4 月中旬至 5 月下旬收获成虾，6 月初整田插秧，如此循环轮替。这种模式的缺点是小龙虾放养密度要适中，不能过高，否则到第二年 5 月小龙虾难以达到食用虾的上市规格，小龙虾单产一般在 40 ～ 60 千克 / 亩。

2013 年以后，几乎全部采用稻－小龙虾共作模式，即在稻田中全年养殖小龙虾，并种植一季中稻。具体说，就是每年中稻未收割的 9 月购买或自留亲虾，每亩投放 20 ～ 30 千克 [性别比（2 ～ 3）：1]；或者 10 月中稻收割后投放幼虾，每亩投放规格为 10 毫米的幼虾 1.5 万～ 3.0 万尾。第二年的 4 月中旬至 5 月下旬捕获达到食用规格的小龙虾出售，而小规格个体继续留田养殖，同时补投一批幼虾。6 月初整田插秧，8 ～ 9 月捕获第二批达到食用规格的小龙虾出售，同时留足个体较大的亲虾用于繁殖来年所需的苗种，如此循环。在这种共作方式中，中稻收割后将秸秆还田，并灌水淹田，田面水深达到 20 ～ 40 厘米。据调查，在这种共作模式中，小龙虾单产一般为 75 ～ 150 千克 / 亩；放养密度高、饲料投入多的少数养殖户单产可达到 150 千克 / 亩左右，但过高的产量也会带来较大的虾病暴发的风险，故不宜提倡追求高产量。稻－小龙虾种养模式的毛利润（未包括人力成本）一般为 1800 ～ 3500 元 / 亩，是水稻单作模式的 3 ～ 4 倍。

（2）稻－蟹种养模式

典型养殖地区是辽宁省盘山县。田间工程相对简单，蟹沟在距

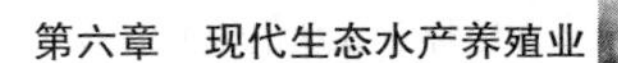

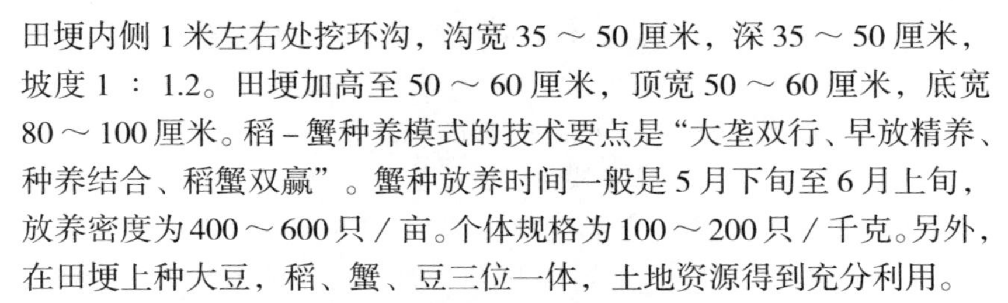

田埂内侧 1 米左右处挖环沟，沟宽 35 ～ 50 厘米，深 35 ～ 50 厘米，坡度 1 ： 1.2。田埂加高至 50 ～ 60 厘米，顶宽 50 ～ 60 厘米，底宽 80 ～ 100 厘米。稻－蟹种养模式的技术要点是“大垄双行、早放精养、种养结合、稻蟹双赢”。蟹种放养时间一般是 5 月下旬至 6 月上旬，放养密度为 400 ～ 600 只／亩。个体规格为 100 ～ 200 只／千克。另外，在田埂上种大豆，稻、蟹、豆三位一体，土地资源得到充分利用。

小面积试验结果表明，养蟹田稻谷平均产量 699 千克／亩，比不养蟹田增产 54.8 千克／亩，增产率 8.5%，利润增加 484 元／亩。河蟹平均规格达 106 克，其中，60% 的雄蟹达 130 克以上，最大雄蟹 243 克；70% 的雌蟹达到 100 克以上，最大雌蟹 205 克。河蟹平均售价 60 元／千克，利润 1134 元／亩。养蟹田的合计利润 2232 元／亩，比不养蟹田（613 元／亩）增加 2.64 倍。

根据大面积推广的调查，养蟹田稻谷产量为 650 ～ 700 千克／亩，比未养蟹田增产 5% ～ 17%，稻谷售价增加 0.3 元／千克。河蟹平均规格 100 克左右，单产为 20 ～ 30 千克／亩。该模式主要分布在辽宁、吉林、黑龙江等省份，目前推广面积超过 40 万亩。

（3）稻－鳖种养模式

典型养殖地区是湖北省赤壁市和荆门市。幼鳖投放时间一般是在 5 ～ 6 月，投放密度一般为 80 ～ 100 只／亩，投放规格为 250 ～ 500 克／只。需要补充投喂配合饲料及低值的小鱼、屠宰场下脚料，日投饵量视水温而定，一般为鳖体重的 30% ～ 10%，每天投喂 1 ～ 2 次。收获时间般在 10 ～ 11 月，中华鳖产量可达到 75 ～ 100 千克／亩。此外，收获稻谷 430 ～ 460 千克／亩。该模式主要分布在湖北、安徽、浙江、福建等省份。

（4）稻－鱼种养模式

在稻－鱼种养模式中，往往根据不同鱼类的食性，以一种或两种鱼类为主，套养多种其他鱼类。一般是以底栖的杂食性（鲤、鲫）或草食性（草鱼）鱼类为主，再搭配滤食性的鲢鳙。目前，中稻产量为 550 ～ 650 千克／亩，鱼产量为 100 ～ 150 千克／亩，毛利润为 1150 ～ 1600 元／亩。以常规鱼类为主的稻渔综合种养模式分布

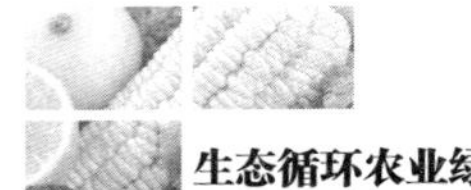

较广，主要集中在四川、云南、贵州、湖南、福建、浙江、江西等省份。

目前，还发展了经济效益更好的稻－鱼－鸭、稻－鳅种养模式。3年的稻－鱼－鸭种养试验表明，水稻增产10%以上，增收鲜鱼1036.5千克／公顷，成鸭238.9～489.3千克／公顷（郑永华等，1998）。在稻－鳅种养模式中，泥鳅鱼种放养时间般在3～5月，放养密度为0.8万～1.5万尾／亩，个体规格为7～9厘米。当年10～11月或翌年3～5月收获，泥鳅产量一般为75～150千克／亩，同时收获一季稻谷550～600千克／亩。该模式主要分布在湖北、浙江、湖南、安徽等省份。

四、稻渔综合种养的管理

1. 水深调控

养殖稻田水深调控应根据水稻各生育期对水分的要求来确定。无论早、中、晚稻，均宜浅水插秧；在土壤水分饱和或浅水情况下可促使幼芽、幼根的正常生长。分蘖盛期前宜浅灌（3～5厘米），如水深在5厘米以上，则对分蘖有抑制作用；分蘖后期采取深灌（7～9厘米），可以抑制无效分蘖，但时间不能过长，以7～10天为宜。在拔节至出穗期，宜深灌（7～9厘米）。

关于晒田问题，当水稻单作时，分蘖末期到稻穗分化之前需要排水晒田（亦称烤田或搁稻），以防止水稻的无效分蘖，晒田时间一般为7天。稻渔综合种养田这个时期是否需要晒田，还没有一致的认识。但是，已有研究表明，中籼稻在分蘖高峰4天后，淹灌深水7～9厘米，对抑制无效分蘖具有很好的效果；若如此，这对养鱼是非常有利的。即使需要晒田，对稻田养鱼的影响也不大。晒田前清理渔沟，让水产动物在缓慢排水时进入渔沟中短期回避，田晒好后立即灌水。

2. 肥料使用

稻田施肥是促进水稻增产稳产的重要措施。施肥方法、种类和用量要依据水稻不同生育期对养分的需求而定，同时要考虑养殖种类的增肥和保肥的作用。施肥分为基肥和追肥，前者是在插秧前使

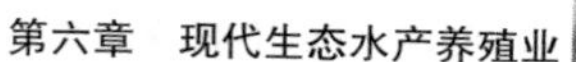

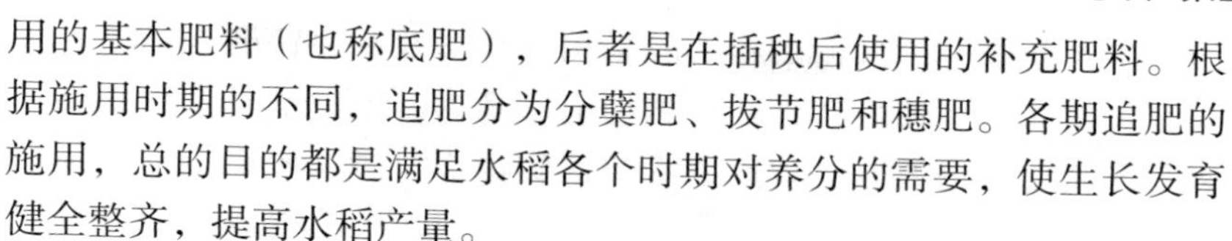

用的基本肥料（也称底肥），后者是在插秧后使用的补充肥料。根据施用时期的不同，追肥分为分蘖肥、拔节肥和穗肥。各期追肥的施用，总的目的都是满足水稻各个时期对养分的需要，使生长发育健全整齐，提高水稻产量。

由于养殖动物排泄物多，耕田插秧前田面上种植的水草和野生的杂草丰富，大量的稻秆还田，因此，水产品产量高于 100 千克 / 亩的稻田一般不施用基肥。若水产品产量不高，稻田土壤肥力不够，则可适量施用，但以有机肥料为主，搭配适量的复合肥。考虑到养殖动物和残饵的增肥作用，追肥主要是施用磷肥和钾肥，氮肥用得少。若需用氮肥一般用尿素，禁止使用对养殖种类有较大危害的氨水、碳酸氢铵等。为了减少对水产养殖动物的影响和提高肥料的利用效率，追肥施用采取少量多次、分片撒肥或根外施肥的方法，可分次进行。

3. 杂草控制

在一般情况下，稻田杂草若不清除，每年可导致稻谷减产 10% 左右。稻田中主要的杂草有 20 多种，其中牛毛毡、轮叶黑藻、菹草、苦草及各种眼子菜和浮萍等，都是草鱼喜食的天然饵料。因此，在草鱼不是主养对象的种养模式中，套养少量的较大规格的草鱼种作为杂草的控制者。放养的杂食性河蟹、小龙虾、鲤、鲫等水产动物对杂草也有一定的控制作用。对于很难控制的稗草、莎草等，采用人工拔除；当然这会增加一定的人力成本，但对养殖种类安全。

4. 病虫害防治

水稻虫害主要有三化螟、二化螟、大螟、稻飞虱、稻纵卷叶螟、叶蝉、干尖线虫等。病害主要有稻瘟病、纹枯病、白叶枯病和细菌性条斑病。对于单作稻田，一般插秧后农户要在水稻 4 个生育期施用农药防治病虫害，这 4 个时期分别是移栽期（插秧后 7 ～ 10 天）、分蘖拔节期、破口前 5 ～ 7 天、扬花灌浆期。对于种养稻田，农户特别担心杀虫剂和杀菌剂对养殖种类的危害而造成水产品产量的损失，不敢轻易施用农药防治水稻病虫害，只要病虫害不是很严重，一般就不施用农药。

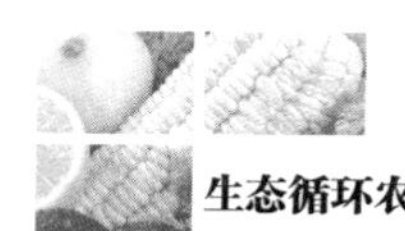

在种养稻田，水稻虫害一般采用物理防控和生物防控的措施。物理防控措施主要是在田间或田埂上安装太阳能诱虫灯或诱虫板。诱虫板包括黄色、绿色和蓝色。黄色诱虫板可用于辅助治蚜虫、白粉虱、木虱等同翅目害虫，绿色诱虫板一般用于诱杀茶小绿叶蝉，蓝色诱虫板可用于辅助防治蓟马。养殖稻田若遇褐飞虱、稻纵卷叶螟或叶蝉流行，可用细长竹竿，在田埂上从一头扫打稻秆至另一头，坠水的这些害虫即可被放养的鱼类或灌水带进的小杂鱼游来吞食，如此反复打扫数次，其效果很好。白叶枯病和细菌性条斑病的病原均由细菌孢子传染，土壤并不带病菌，传染的主要途径前者为水孔，后者则为气孔，可用 1% 的石灰水浸泡种子 72 小时就可以防止这两种病的发生。

生物防控措施主要是依靠稻田中害虫的天敌和放养的水产种类。天敌主要有蜘蛛、青蛙、寄生蜂等；这些天敌的种群数量在养殖稻田中有所增加。另外，稻田放养的鱼类对要经过水体或以水体为媒介再危害稻禾茎叶的害虫也有一定的控制作用。

当养殖稻田的水稻出现严重的病虫害时，需要选用植物源和微生物源农药产品，既能有效地防治病虫害，又能使养殖种类不受到损害。粉剂宜在早晨露水未干时用喷粉器喷，水剂宜在晴天露水干后用喷雾器喷于稻叶上，勿使药剂直接喷入水中。

5. 补充投喂

在稻渔综合种养中，无论何种种养模式，都需要补充投喂一些饲料。饲料补充投喂量主要取决于养殖种类的放养密度和预期产量水平，日投喂水平视水温而定，不同养殖种类存在一定的差异。补充投喂的饲料包括人工配合饵料及植物性和动物性饲料。常用的植物性饲料为豆粕、花生饼、小麦、豆渣、麦麸、玉米、米糠、瓜菜类及各种水草等。对于河蟹、克氏原螯虾、中华鳖等杂食性和肉食性种类，常用的动物性饲料为：低值的小鱼虾、蚌肉、螺蚬肉、畜禽加工下脚料、蚯蚓等。此外，稻－虾、稻－蟹种养模式中，在稻田渔沟中还需要移栽水生植物，如伊乐藻、轮叶黑藻、苦草、水花生等，既为放养的虾、蟹提供天然的食物源，又可为其提供隐蔽所，并改善水质环境。

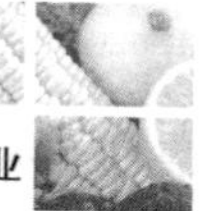

第五节　其他水产养殖

我国水产养殖种类繁多，养殖技术也多种多样。除前面介绍的几种养殖技术，尚有网箱养殖、筏式养殖、大水面放牧式养殖等多种技术模式，本节对这几种做简要总结。

一、网箱养殖

1. 基本概念

网箱养殖，是在一定水域中用合成纤维或金属网片等材料制成一定形状和规格的箱体，通过网箱内外水体的自由交换，在网箱内形成一个适宜鱼类生长的小生境，进行高密度精养高价值鱼类的一种科学养鱼方法。网箱多设置在有一定水流、水质清新、溶氧量较高的湖、河、水库等水域中。可实行高密度精养，按网箱底面积计算，每平方米产量可达十几至几十千克。主要养殖鲤、非鲫、虹鳟等，中国还养鲢、鳙、草鱼、团头鲂。网片（网衣）用合成纤维或金属丝等制成。箱体以方形或圆形居多，根据养殖品种的不同其形状、体积差别较大。设置方式有浮式、固定式和下沉式 3 种，以浮式使用较多。

2. 发展现状

国外网箱养鱼最早始于柬埔寨，距今 140 余年。当时柬埔寨渔民在洞里萨湖、湄公河一带捕鱼，他们将捕获的鱼暂养于拖在船尾的竹木笼中，运至都市出售，由于路途遥远，渔民们经常投喂一些小杂鱼或残羹剩饭，发现笼中之鱼有所增长，提高了商品价值，从而在湄公河流域逐渐形成网箱养鱼水上渔村。到 20 世纪 30 至 40 年代，网箱养鱼在东南亚国家传播，50 年代以后逐步传播到世界各地。20 世纪 70 年代，我国开始了网箱养殖，由于网箱养殖具有投资少、产量高、可机动、见效快等特点，因此在短短的几十年间，在全国各地的湖泊及水库蓬勃发展。

我国现代网箱养鱼起步较迟，1973 年首先在淡水养鱼方面取得成功。中国科学院水生生物研究所和山东历城锦绣川水库，试用网箱培育鲢、鳙鱼种取得成效；此后，浙江等地试用网箱养殖成鱼也获成功。目前，我国淡水网箱养殖已扩大到水库、湖泊、河流等不同类型的水域，养殖品种、养殖方法呈多样化；养殖地域已扩大到20余个省（自治区、直辖市），发展最快的有湖北、浙江和安徽等省。

我国海水网箱养鱼始于1979年。广东省首先在惠阳等地试养石斑鱼获得成功，1981年扩大到珠海等地。目前已开展大规模的海水网箱养鱼生产，主要养殖品种有石斑鱼及鲷科、笛鲷科等科的20余种鱼类。福建海水网箱养鱼略迟于广东省，始于1986年，自1987年真鲷养殖成功后，迅速发展。浙江省海水网箱养鱼从1986年各地开展了不同程度的试验，到1992年进入推广阶段。海南、山东、辽宁等海水网箱养鱼也相继发展，且速度较快。全国海水网箱养殖已达20万余只，主要分布在广东汕头的南澳、饶平，惠州的惠东、惠阳，珠海的万山，深圳；福建平潭的竹屿港，福清的柯屿，东山的百尺门，厦门的火烧屿及连江；浙江宁波象山港、玉环漩门港、洞头三盘港；海南的三亚、陵水、万宁等地。养殖品种主要有石鱼属、鲷科、石首鱼科，笛鲷属，鲫鱼和鲈鱼等20余种。同时，各地还开展了人工配合饲料、抗风浪设施、苗种繁育和鱼病防治方面的研究，这对我国海水网箱养殖的发展起着积极的推动作用。

3. 技术要点

近年来，我国网箱养殖不断有新的进展，使用范围不断扩大，从沿海、近海到外海；网箱框架材料，在原先用竹、木的基础上，又增加了钢铁、塑料、橡胶、铝合金等；网箱的形状不但有正方形、长方形，而且出现圆形、多角形等；网箱的容量由几立方米扩大到几百甚至几千立方米；网箱的形式由固定型发展到浮动型、沉降型；养殖品种除传统的鲑、鳟鱼类之外，还有名贵鲷科鱼类、鲆、鲽类，以至虾蟹；养殖方式除单养外，还采取多种鱼类混养，鱼、虾、贝混养；养殖技术上普遍采用了遥控自动投饵系统；同时，为保证网箱养鱼的发展，在苗种培育、配合饲料以及新能源利用等方面也正在加速开发与应用。

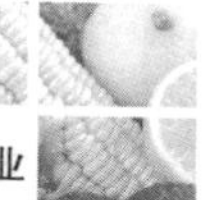

网箱养鱼之所以能获得高产，这与网箱内外水体环境有着密切关系。在养殖过程中，由于水流、风浪及鱼体的活动，网箱内外水体不断交换，溶氧量不断补充，从而增加了养殖有效水体，提高了养殖密度；同时及时带走了箱内鱼体排泄物和食物残渣，以维持网箱中优越的溶氧和水质条件，养殖鱼群处于高密度情况下，通常也不会缺氧或引起水质恶化；鱼类被限制在网箱内的一个很小的范围内，减少了鱼类的活动空间和强度，从而降低了鱼类的能量消耗，有利于鱼类的生长和育肥，从而提高了鱼产量；网箱养鱼能避免凶猛鱼类的危害，从而提高了养殖鱼类的成活率。因此，网箱养鱼实际上是利用大水面优越的自然条件结合小水体密放精养措施实现高产的（图 4–6、图 4–7）。

图 4–6　深水网箱养鱼

（图片来源：https://www.nipic.com/show/10670532.html）

图 4–7　美食

（图片来源：https://www.shuozhiwu.com/article/read/9247.html）

【能量加油站】

网箱养殖方式的优点

◎ 可节省开挖鱼池需用的土地、劳力，投资后收效快网箱可连续使用多年。

◎ 网箱养鱼能充分利用水体和饵料生物，实行混养密养、成活率高，达到创高产目的。

◎ 饲养周期短、管理方便、具有机动灵活、操作简便的优点网箱可根据水域环境条件的改变随时挪动，遇涝、可水涨网高，不受影响，遇旱，不受损失，能实现旱涝保收，达到高产稳产的目的。

◎ 起捕容易。收获时不需特别捕捞工具，可一次上市，也可根

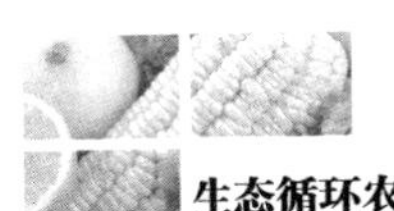

据市场需要，分期分批起捕，便于活鱼运输和储存，有利于市场调节，群众称它水上“活鱼体”。

◎ 适应性强，便于推广。网箱养鱼所占水域面积小，只要具备一定的水位和流量，农村、厂矿都可养。这里还有另外一种投资方式，建立一个海上渔场，打造一个海上的休闲娱乐平台，集饮食、娱乐（钓鱼、放生等）为一体的休闲场所，打造双重收入。

【案例】

1. 青海龙羊峡三文鱼

龙羊峡水库位于青海省南部，属山谷型水库，海拔2480～2610米，面积57万亩，总库容量247亿立方米，坝前最大水深150米左右，平均水深65米，是我国库容量最大的水库，水温从5月中旬至11月中旬均保持在10～22℃，水体交换量大，水质无污染，非常适合虹鳟鱼养殖。自1998年《青海龙羊峡水库网箱养殖虹鳟初报》发表以来，龙羊峡水库一直从事虹鳟鱼网箱养殖产业。

截至2013年，龙羊峡库区已建成冷水养殖面积59074平方米，其中HDPE深水网箱42122平方米，占总面积的71.3%；现养殖各类鲑鳟鱼96.4万尾，养殖产量达到1700吨，已成为青海省主要鲑鳟鱼网箱养殖基地。2013年7月，经青海省农牧厅和青海民泽龙羊峡生态水殖有限公司组织编制的《龙羊峡水库网箱养殖容量及产业发展规划》通过中国科学院水生生物研究所、中国水利水电科学研究院专家组评审。综合考虑网箱养殖可持续发展和水质生态环境安全等因素，专家组认为，到2020年龙羊峡水库网箱养殖容量约为4万吨。

龙羊峡三文鱼现已成为青藏高原的地标特产和著名品牌。“龙羊峡”三文鱼销往北京、上海、广州等20多个省份，出口俄罗斯、东南亚等国家和地区，先后获得“农业部健康养殖示范企业”“中国冷水鱼战略联盟副理事长单位”“国家鲑鳟鱼网箱养殖综合标准化示范基地”“全国休闲渔业示范企业”“青海省农业龙头示

范企业”“青海省农牧业产业化龙头企业”“全省模范劳动关系和谐企业”等荣誉和称号。

2. 福建宁德大黄鱼

2018 年全国大黄鱼产量 19.7 万吨，福建省占 80% 以上，而宁德市产量占全省的 90% 以上，占全国的 70% 以上。至 2018 年，宁德市已形成年育苗量超 20 亿尾、养殖产量 14.6 万吨、产值超百亿元的大黄鱼产业。目前，宁德市共有 8 家大黄鱼企业品牌被认定为“中国驰名商标”，拥有 1 家国家级农业产业化重点龙头企业，26 家省级产业化重点龙头企业。2019 年 8 月 11 日，在福建省宁德市召开的加快推进大黄鱼产业高质量发展座谈会上，宁德市被中国渔业协会授予“中国大黄鱼之都”称号。

国家级农业产业化重点龙头企业——福建三都澳食品有限公司，地处全国最大的大黄鱼养殖基地——福建三都澳。建有省级大黄鱼良种场 1 个，安全、放心、无公害的海水养殖基地 5 个，滩涂养殖基地、香鱼（淡水）养殖基地各 1 个。公司共有育苗水体面积 16000 平方米，年产各类鱼苗 3 亿尾，建设安全、放心、无公害的海上水产养殖基地 5 个，网箱 5000 多口，年产各类成品鱼 6000 吨以及海水滩涂养殖一个，二都蚶、淡水香鱼养殖基地一个，年产香鱼 500 多吨，专供出口日本。公司开发生产的“威尔斯”牌系列产品畅销国内各大城市；外销日本、韩国、美国、加拿大、澳大利亚等国家和地区，深受广大客户的好评。

二、筏式养殖

1. 基本概念

筏式养殖是指在浅海水面上利用浮子和绳索组成的浮筏，并用锚绳固定于海底，使大型藻类（海带、裙带菜、石花菜、龙须菜等）、贝类（贻贝、扇贝、牡蛎、鲍等）及其他海产动物（柄海鞘等）的幼苗固着在吊绳上，悬挂于浮筏的养殖方式；广义上则涵盖了从垂下式养殖到网箱养殖等多种海上养殖方式。

2. 发展现状

我国海域面积约473万平方千米，为我国陆域面积的一半，并且海域中海洋资源丰富。我国所管辖的海域内有海洋渔场面积280万平方千米，20米等深线以上的内浅海面积2.4亿亩，海水可以养殖面积260万公顷，浅海滩涂可养殖面积242万公顷。因此，开发和利用海洋资源成为解决人口压力、提高人民生活水平的重要途径。近年来，海水养殖业已成为我国渔业经济的主要构成部分，浅海筏式贝类、藻类的养殖有较大的发展，为沿海经济，乃至国民经济的发展做出了重大的贡献。

海水养殖业的主要养殖方式有海上筏式养殖与滩涂贝类养殖、海水池塘养殖。随着近年来国家对海洋资源的重视，筏式养殖也得到进一步推广，筏式养殖系统产量与养殖面积稳步增加。

我国自20世纪50年代末开始进行贻贝养殖，至90年代陆续开展了鲍鱼、扇贝、龙须菜、羊栖菜等海洋经济生物的养殖，主要养殖模式均为浮筏式养殖。目前，我国的筏式养殖系统基本都建立在浅海地区，水深小于20米、冬季无冰冻水层的海区，主要用来养殖贻贝、扇贝、鲍鱼、海带等海洋经济生物，对于深海地区的养殖基本没有涉及。随着近年来养殖面积的饱和以及养殖环境的恶化，外海化发展成为海洋设施养殖的重要趋势，筏式养殖系统向深水拓展亦成为必然。

3. 技术要点

目前，国内最常见的是单绠延绳筏，每台单筏长50～70米，3～4台筏约666平方米。日本则在浅海设置双绠浮筏养殖紫菜，称浮流式养殖。传统的筏式养殖系统主要设施在有天然的庇护和海况较好的海域，水深通常在15米以内，养殖对象位于海平面下一定深度，下潜深度主要根据养殖海域环境和养殖对象进行设计，主要包括海浪条件、海水温度、透明度、深度、营养物等（图4-8）。

筏式养殖的主要结构形式包括筏式吊养、延绳式吊养、垂下式、笼养型四大类。北方清水区采用单式筏，这种浮筏抗风浪能力强，管理操作方便。浙江浑水区多采用方架式养殖，这种筏式虽受风浪

阻力较大，但能浅水平养增强光照。在风浪较大的浑水区宜采用软联合，以防倒架。筏式养殖系统还分浮筏、沉筏、升降筏等。

图 4–8　筏式养殖

（图片来源：http://haiyang.dzwww.com/tpyw/201906/t20190617_11457371.html）

采用筏式养殖系统进行养殖时应注意以下几点。

①多选择潮流畅通，无大风浪侵袭，无工业及生活污水的污染的浅海海区。

②为便于打橛并保证安全，宜选择平坦的泥沙底为宜，泥底或沙底也可。

③根据具体海区情况及养殖品种的不同，酌情选择养殖深度。

④应选择饵料丰富的海区或进行人工配饵，随着养殖动物个体的长大渐疏密度，并随时检查网笼的破损程度。

⑤在台风或风暴潮来临前要及时将笼网下沉，以免造成损失。

⑥海上筏养海参、鲍鱼等经济动物也可与藻类混养。

【案例】

1. 山东即墨浅海藻类筏式养殖取得突破

海带筏式全人工养殖法，人工养殖海带的技术。1953 年，由山东水产养殖场（山东省海水养殖研究所前身）李宏基、张金城、索如英、牟永庆、刘德厚、田铸平、邱铁铠、刘永胜、迟景鸿等研究成功。该法包括人工采孢子，育苗器的设计和育苗管理，合理密植与人工养殖管理等技术。可大幅度地提高海带的产量和质量。自 1954 年推广后，我国海带养殖生产迅速发展，很快满足了全国对海带食用和海带制碘、制胶工业的需要，结束了进口海带的历史。

近年来，为了更好地缓解渔业发展规模急剧膨胀和陆域发展空间逐渐缩小之间的矛盾，即墨区海洋与渔业局立足现状，积极引导养殖者开发利用浅海资源，重点发展藻类养殖，并取得突破。

即墨区一是在赭岛东北海域进行了200亩海带筏式养殖试验。整个养殖区产海带800吨（4吨/亩），实现产值240万元，实现利润100万元。二是在神汤沟村近岸海域进行了300亩鼠尾藻筏式养殖试验，长势喜人，每株平均长度达2米。三是在丁字湾跨海大桥两侧海域进行了200亩龙须菜浅海养殖试验。龙须菜在即墨海区一年可养殖3～4茬，每茬养殖周期20天左右，亩产量可达2.5万千克，亩产值5万元，亩效益在3万元左右。

2. 莆田鲍鱼养殖采取筏式养殖

莆田是全国鲍鱼主产地之一，年产鲍鱼近1万吨，可创产值超过10亿元。一直以来，莆田鲍鱼养殖普遍采取筏式养殖，利用渔排在浅海进行鲍鱼吊养，近年才兴起工厂化养殖。由莆田市水产技术推广站起草制定的《鲍工厂化养殖技术规范》福建省地方标准获批发布，已于2013年2月1日起正式实施。

3. 乳山生蚝筏式养殖

乳山生蚝养殖品种以太平洋生蚝为主，采取筏式养殖方式。养殖区域主要分布于西至乳山口、东至浪暖口的开阔水域内。生蚝产业已成为乳山市渔业经济的支柱产业之一。生蚝喜在浅海区栖息，固着在岩礁或其他附着物上。在乳山沿海的礁石上，野生生蚝比比皆是，乳山生蚝的养殖面积、产量、质量居全国首位。

三、大水面养殖

1. 基本概念

大水面养殖是指利用水库、湖泊、江河等养殖水产品的一种方式，包括湖泊、水库、河沟养殖。除早期采取粗放型的增养殖，还包括“网箱、网栏、围网”等集约化养殖模式。粗放式大水面增养殖，主要以保持、恢复水域渔业资源为目的，依靠水体中的营养物质增

殖，产量不稳定。网箱、网栏、围网等集约化养殖，应用人工投饵、施肥等技术，产量得到了较大的提高，但受到水体养殖容量的限制，必须严格控制。

2. 发展现状

所谓大水面是指在我国内陆水域中除了人工开挖的池塘、水泥池养鱼、流水养鱼和全封闭型循环水养殖工程之外，均属大水面，包括江河、湖泊、水库、河道、荡滩、低洼塌陷地等。

这些大水面是我国重要的国土资源，在水产养殖上具有重要的地位。开发利用大水面渔业资源具有节地、节粮、节能和节水的优点，可以改善人们的食物结构，增加市场有效供给，实现渔民共同富裕的重要途径。在全国500万公顷可养殖水体中，湖泊、水库、河道和荡滩等大水面约占80%，过去长期以来一直都把它们作为“靠天收”的捕捞式养鱼方式。各种不同的大水面有它们自身的特点，水域内的天然饵料组成也不相同，因此，开发大水面一定要做到因地制宜，要综合各种水体的生态环境、水域周边地区的经济实力和管理水平，采用多种实用技术和养殖方法来促进水产养殖事业的发展。

随着大水面养殖产业的不断发展，各种名优水产品的养殖技术也不断发展完善，河蟹、青虾、鲴、鲟、鳜、银鱼和珍珠等优质水产品及多品种混养的大水面增养殖已逐步发展起来。

3. 技术要点

大水面养殖具有成本低、效益高，且容易管理等优点，深受广大养殖户的青睐。大水面一般分为水草型、富营养型和贫营养型。也可分为肥水养殖和半精养养殖2种养殖模式。大水面养殖技术要点主要包括以下几种。

（1）注意养鱼工程建设

应注意排水闸门、防逃逸设施、堤坝和越冬区的建设，在北方越冬区尤为重要。

（2）注意养殖品种的搭配

综合考虑水体条件和销售渠道及特点，灵活搭配养殖品种。①水草型大水面可多投放草鱼、鲫，少投放花白鲢、鲤和鲴，为了提高经济效益还可投放适量的河蟹；②富营养型大水面通常为经营时间较长、底泥较厚、水生植物较少、水源多为稻田泄水或雨水等，肥力高、透明度低，可多投放鲢鳙鱼，少投放草鱼，适当投放鲤、鲫，且不适合养殖河蟹；③贫营养型为水质清瘦、浮游植物数量少、底泥有机质含量低的水体。其养殖品种需根据水体特点来确定。

（3）要注意控制放养密度

应根据水体中所含饵料的生物基础条件和放养鱼类的存活率来科学确定放养密度，既要避免无计划大量投放，也要避免投放量过小影响产量。

（4）严格监控放养模式

能够保证鱼类每年安全越冬且按照标准投放鱼苗的水体，根据养殖情况酌情制订起捕年限并可常年起捕，但应注意实行轮捕轮放。

【案例】

江苏洪泽湖多品种混养

江苏省泗洪县位于全国第四大淡水湖洪泽湖西岸，利用得天独厚的水资源条件该县水产养殖业得到长足发展。2016 年水产养殖总面积达 2.37 万公顷，其中大水面网围养殖占该县水产养殖总面积的 50% 以上，采用网围区以河蟹为主，适当搭配花白鲢、青虾、鳜等品种的养殖模式。结果证明，在大水面进行多品种合理混养，是充分利用水体资源，提高单位水体效益的有效途径。

黑龙江省东安水库河蟹养殖

黑龙江省东安水库位于尚志市东 5 公里处。水域面积 220 公顷，平均水深 4 米，低水位时 2 米。水库大坝为石头护坡，堤坝坚固。底质为黑壤土，库底平坦。水草丰富，主要以水稗草、蒲草和菱角为主，占总水面积的 30%。水库的环境条件非常接近河蟹天然的生存环境，河蟹在水库中自然生长，不受药害等污染侵袭，保证了其纯正的“绿色”品质。实践证明，大水面养蟹可将资源充分利用，从而达到节约成本、增产增收的目的。

【思考与探究】

稻渔综合种养需要具备哪些条件？

怎样对水产综合养殖进行管理？

【诗意田园】

西江月·夜行黄沙道中

【宋】辛弃疾

明月别枝惊鹊，清风半夜鸣蝉。稻花香里说丰年，听取蛙声一片。

七八个星天外，两三点雨山前。旧时茅店社林边，路转溪桥忽见。

（图片来源：https://www.sohu.com/a/249038712_708174）

参考文献

[1] 农业农村部乡村产业发展司．现代种养业 [M]. 北京：中国农业出版社，2022.

[2] 尹丽辉．循环农业 [M]. 北京：中国农业出版社，2021.

[3] 杜克银．中小规模养殖场粪污循环利用模式及关键技术 [J]. 中国畜禽种业，2020，16（02）：27–28.

[4] 万洋．银川市兴庆区种养循环模式的调查研究 [D]. 银川：宁夏大学，2020.

[5] 李东．“畜一沼一菜”生态循环种养模式 [J]. 新农村 2020，（10）：29.

[6] 王中林．生态循环农业发展模式与推广应用关键技术 [J]. 科学种养（12）：2020，59–62.

[7] 任玉琼．西充县柑橘种植有机肥替代化肥技术模式 [J]. 中国农技推广，2020，36（03）：49–50.

[8] 李耀兰，李韬，姚升，等．种养一体化循环农业重点推广模式研究 [J]. 沈阳农业大学学报（社会科学版），2020，22（03）：265–273.

[9] 汪云霞．“三沼”综合利用示范推广 [J]. 农民致富之友，2019，（10）：239.

[10] 王敦贤．沼气的日常使用与管理知识 [J]. 农民致富之友，2019，（13）：237.

[11] 吴一辉．畜禽养殖场沼气工程全要素生产率的影响因素研究——基于四川省的实证 [D]. 成都：四川农业大学，2019.

[12] 金福强．沼液、沼渣在果树上的应用技术 [J]. 乡村科技（02）：2018，83–84.